U0182084

从空中看世界　从过去到现在

俯瞰世界

从航空摄影观世界百年变迁

［意］恩里科·拉瓦尼奥　著
高如　潘晨　译

中国科学技术出版社
·北　京·

目录

2 从空中俯瞰，威尼斯的建筑与运河交织，沿着倒 S 形的大运河排布，呈现令人惊叹的和谐，照片上方是圣马可广场和钟楼。大约 1500 年前，这座城市发轫于里阿尔托岛（位于运河最内侧曲线顶点），人们在黏土中打下地基，城市在此基础上扩张。

5 这张照片摄于 1880 年的巴黎，画面是公元前 1 世纪就已经被巴黎人占领的西堤岛，这是巴黎最古老的一部分。当时在照片中这些桥上穿行的还是马车。航空摄影可以让我们注意到地面上看不到的景象，例如圣路易岛，1614 年它由两个小岛合并组成，在图中被同名街道一分为二。

早期航空摄影作品

应用：地籍测绘、军事战略等

1858年纳达尔摄于海拔520米的高空

序

1855 年秋天，一个清冷的早晨，细雨绵绵，在巴黎北部城郊的佩蒂特－比赛特尔，一个只有三户人家的村庄，一位顶着一头浓密红发的巴黎绅士脱掉自己的衣服，直到只剩内衣，然后爬进了热气球嘎吱作响的柳条吊篮中。经过一夜，热气球已经瘪了一半，要想让它升起，就要尽量减少负重。“松绳！”一声令下，吊舱艰难地升到阴沉的天空中，离地大约 80 米。在热气球上的这位先生是加斯帕德·费利克斯·图尔纳雄，简称纳达尔，他是职业漫画家和摄影师，业余时间是天才的发明家。他热爱飞行，一直致力于实现在热气球上拍摄照片的想法。

当时热气球已经诞生 70 多年了，摄影也有近 30 年的历史。有人尝试过高空拍摄，但因为不确定性太多、花费太高，也太危险而未能成功。原因不明的技术问题（后来才发现是因为热气球喷出的气体会损坏火棉胶）导致底片曝光不足，底片冲洗出来是黑的。此外，在热气球上拍摄还需要租热气球、买燃气、招募助手等。热气球因压力过大爆炸或自燃也是常有的事。在此之前，纳达尔已经失败了多次，但他是一个内心非常坚定的梦想家，不实现理想绝不罢休。就在那个早晨，虽然开始时不顺利，但他最终达成了目标。他激动地洗出底片，“幸运的镜头！相片上面是有东西的……图像一点点显现出来，虽然不确定是什么，显影很淡，但明显是拍到了什么的。这就是我脚下的世界……农场、旅馆、营房……我的想法是对的！”就这样，航空摄影在那一天诞生了，这是一个“在空中飘荡的想法”，纳达尔自嘲道。

19 世纪 50 年代，很多想法都“飘在空中”。1858 年，英国科学家查尔斯·达尔文和阿尔弗雷德·拉塞尔·华莱士在伦敦林奈学会的一次会议上提出了他们的理论，从根源上撼动了千年以来从未被质疑的世界观。从那以后，人类将向前跨出巨大的一步，这进步将为世人克服原先生活中的种种不便，电灯泡、内燃机、电话、留声机、冰箱先后问世，一直到 1903 年，飞机诞生，当时还在世的纳达尔终于看到自己的梦想将走向现实。

 纳达尔从高空拍摄巴黎景象，他首次证明了在气球上拍摄的可能性，在此尝试之前，还没有人成功实现过在热气球上拍摄。

纳达尔不仅仅出于热情开展试验，他还想将其应用于实际。他想让航空拍摄用于地籍登记，客观划定国界，测量土地面积。纳达尔还坚信，航空摄影将在军用领域体现出不可或缺的重要性，无论是在军事演习还是在实际作战中，它都可以提供高空视角。然而，当时的人们并不理解他的想法。当时正处于第一次工业革命期间，新事物频出，航空拍摄只是众多引人好奇的新发明中的一件。

1910 年，八十多岁的纳达尔去世。如果他能活到几年后的第一次世界大战，一定可以大声地说出那句“我的想法是对的！”

第一次世界大战期间，军队规模空前庞大，前线冲突日益激烈，航空摄影很快成为指挥军队行动的必备手段。最早一批战地记者也因此掌握了航拍技术，如佐尔坦·克鲁格（31 页）、华特·密特朗（115，128~129，130，138 页）、阿尔弗雷德·布克汉姆（82 页）。1915 年，著名的“红男爵”曼弗雷德·冯·里希特霍芬驾驶着福克侦察机开始了他的王牌飞行员生涯。里希特霍芬非常英勇，他不满足于只做一名侦察员，并且他也意识到了航空拍摄的重要性。他曾写道：“我常常想，一张摄影胶片比一个战地指挥员价值更高。所以，航空摄影者应该离战场远点。”里希特霍芬像一位骑士，他非常有远见地意识到，且非常坦诚地承认航空摄影对战争胜负的决定性作用远远超过了空战。

作战时，摄影者和空军飞行员看起来很像，他们戴着一样的护目镜，穿着一样的厚夹克。摄影者手里拿着的镜头看起来像巨型炮筒，他们几乎没有武器，开着慢速的侦察机，面临的生命危险不比战斗者小。

现代战争的需求推动了科技的飞速进步，航空摄影不断朝着纳达尔设想的方向发展。由于航空摄影者不断的探索，战争初期不便携带、不太稳定的相机得到不断改进，在战争末期时优化了很多。约翰·穆尔·布拉巴赞发明了第一台真正的航空相机，并结合立体摄影技术，使拍出的照片有了三维效果，人们可以凭借照片计算物体距离地面的高度。此后，航空摄影的用途越来越广泛，制图、地质勘探、观测土地都有它的身影，还在考古和电影拍摄等多个领域得到实际应用，航空摄影跨越了纯粹艺术的边界。

“航空摄影”这个词本身并未明确指出摄影师应该搭乘什么工具，实际上，任何可以让人上升至空中的设备都可以算作载体，火箭和降落伞都是，不管在空中停留的时间有多长。在火箭上进行航空拍摄的时间早于在飞机上的航空拍摄，这可能和大家预想的相反。1897 年，炸药发明者阿尔弗雷德·诺贝尔首次以火箭为载体完成航空拍摄，他是同名奖项诺贝尔奖的赞助人；1909 年，威尔伯·莱特则实现在飞机上完成航空拍摄，他也是飞机的发明者。就连信鸽也可以做摄影师，拍出的效果还相当不错，它们在第一次世界大战期间还被派上用场。之后，风筝也被用作航空摄影的载体，有时能拍出戏剧性的照片，比如 1906 年旧金山大地震后，由

9　纳达尔成功后，美国摄影师詹姆士·华勒斯·布莱克沿着他探索的脚步，于 1860 年在名为“空中女王”的热气球上拍下了波士顿市中心的影像。

17 个风筝组成的“摄影队”吊着相机拍摄的照片（190~191 页），拍摄地点就在海滨区前方。航空拍摄理念向现代转变的标志是各类无人机的应用，拍摄时摄影师不需要乘坐载具，只需远程操控拍摄工具。无人机航拍可以代替摄影师完成拍摄风险较高的任务，比如飞越正在燃烧的火山口。

在技术方面，航空摄影也包括在地面固定一点上拍摄照片，比如在塔架、电线杆，或者足够高的伸缩臂上拍照。这种方法虽然听起来不够正统，但也有人推崇，比如旧金山影像拍摄者乔治·雷蒙德·劳伦斯，他会站在普通的梯子上进行“航空拍摄”。由于他在摄影界的权威地位，在塔楼、摩天大楼、悬崖峭壁等视野较高的地点拍摄的照片也被纳入航拍，这些影像满足了社会文化对精彩图像的渴求，如果它们不被认可会令人遗憾。

时至今日，航空摄影已成为人们认识世界的一个重要视角。航空摄影让我们了解欧洲城市与乡村风貌的特点，它们与非洲或大洋洲的城市或乡村有何不同，斯堪的纳维亚半岛的海岸怎样延展，龙卷风如何形成，以上景象的照片没有一幅不是从高处拍摄的。航空拍摄的科学价值和教育价值更是不可低估。

除此之外，随着时间流逝、环境发生变化，航拍照片是对这些变化最忠实的见证，这也是航空摄影的意义所在。航空摄影有着重要的历史价值，它为人们提供了欣赏某些环境变化的珍贵机会。对比同一地点不同时间的景象，人们会欣喜自己可以生活在今天的曼哈顿或伦敦，这些城市充满艺术魅力，又在都市景观中保留了自然风光，与 20 世纪二三十年代被雾霾和污染笼罩的城市面貌完全不同。我们还可以比较上海、北京、香港过去和现在的景象，感叹沧海桑田、岁月变迁。当看到埃及金字塔，这样伟大的人类成就今天“容颜依旧”，我们也会感到欣慰。还有一些历史遗迹经历岁月的洗礼和打磨，其内涵不断丰富，中国的长城就是代表。我们也会反思社会进步给地球带来的巨大影响，航空摄影清晰地展示了人类在地球每个角落留下的痕迹，世界上大部分地区森林面积减少、冰面融化，仅有少数地区例外。

因此，航空摄影成为认识世界的重要途径，20 世纪历史地理学之父吕西安·费弗尔写道，一个“观察者要坚定地站在高处和远处看”，这样视野才能更全面，而站在地面只能看到零散的景象。当看到那些行进在里约热内卢驼背山上，向着救世基督像朝圣的贫民信徒，人们就能理解民众的宗教信仰是拉丁文化不可分割的一部分。人们还会发现，世界上大城市的天际线对应着城市特定的历史时期，以及所在城市独特的经济、政治和社会面貌。

金茂大厦如一簇竹子矗立在上海，讲述着中国持续快速的发展；陶鼓形状的肯尼亚中心在内罗毕发出回响，呼唤着世界对非洲的关注；凯旋门见证了 19 世纪帝国时期大巴黎的辉煌，拉德芳斯凯旋门用 20 世纪和 21 世纪的语言诉说着那段荣光；如果城市地处偏远，周围都是荒野，比如加拿大道森、阿拉斯加诺姆、澳大利亚爱丽丝泉，意味着那里可能有黄金、石油或钻石等资源；若是看到印度洋或大西洋中逐渐下沉的岛国，比如马尔代夫群岛和马绍尔群岛，人们能直观感受到大洋中可用的陆地空间正在减少。还有迪拜这样的现代都市令人眼前一亮，从高空看，周边环绕着广袤无垠的沙漠，更能深切体会其光彩夺目。

世界每天都在发生着改变，航空摄影凝固了这些瞬间，并将其陈列在不断延伸的历史画廊上，要从这条长廊中取材来完成这本书是非常困难的一件事。我们的选题很广泛，但并不总能找到符合要求的作品，由于作品质量不一，因此不可避免地要选择确切的时间和日期，查找有没有其他可以替代或更有价值的作品。此外，这些照片拍摄的对象都是我们“有生命力的地球”，它一直处于变化中，还有诸多自然或人工的动因也在给它带来改变，捕捉这些变化就是本书的主题。本书最有意义的一点或许就在于，10 年、20 年、30 年或更久后，我们所“看到”的这些都将发生“看得到”的变化。我们的选择、答案，我们的活动，将决定我们所生活的这个星球朝着更好或是更坏的方向发展。

纳达尔说，从远处观看事物可以最好地隐去其“丑陋”的一面；航空拍摄时地球是平的，“河在山峰的高度流动”。我们可能会感到失去了和世界的联系，无法感知自己所处的方向和位置。航空拍摄时，人们从远距离看，所有的事物都在一个平面上，而与此同时，人们也获得了独特的情绪体验，这样的激动情绪可以让人们避免以冷漠和习以为常的态度观察环境和地球。

2 在摄影工作室的名片上，纳达尔展示了自己专业航空摄影师的形象，照片体现了他一贯的创新思维。

3 上图 20 世纪 20 年代，摄影师戴维·奥利弗准备登上开放驾驶舱双翼飞机，为派拉蒙新闻拍摄纽约。

3 下图 20 世纪 40 年代，美国海军的一名摄影师带着他沉重的设备开展空军侦察任务。

上面这句话是 1863 年奥利弗 · 温德尔 · 霍姆斯对第 9 页的波士顿中心照片的评价，当看到人类鸟瞰大地的古老梦想实现时，霍姆斯的内心涌动着浪漫与兴奋。事实上，纳达尔在 1855 年就已经实现了这个梦想，但人们普遍认为航空摄影始于第 6 页的那张巴黎 17 区的照片，纳达尔在回忆录里谈到，那张照片摄于 1856 年春天，1858 年获得专利权。

航空摄影的出现标志着一场革新，它诞生于 19 世纪中期，社会科学文化领域经历着战争和革命的大背景下。即使有内燃机和电灯等轰动世界的新发明，航空摄影也从未面临消失的危机。初期热爱这项事业的摄影师们打下了很好的基础，从纳达尔到 20 世纪 20 年代的华特 · 密特朗，还有从 1911 年开始在战争中拍摄照片的那些不知姓名的侦察兵，他们将一个又一个小发明发展成了不可或缺的工具，甚至能够启发大众。后继者的作品不断启迪众人，从 20 世纪 40—60 年代的玛格丽特 · 布尔克 - 怀特到 90 年代的亚恩 · 阿蒂斯 - 贝特朗，航空摄影作为见证者的价值逐渐凸显，引导并唤醒大众对世界和平、战争、健康等话题的重视。

14 上图 20 世纪 20 年代。一名无线电报务员在哈德逊式轰炸机上使用的 F24 相机，F24 相机曾风靡将近 30 年。

14 下图 20 世纪 50 年代朝鲜战争时，著名的美国摄影师玛格丽特·布尔克－怀特（Margaret Bourke-White）在一架西科斯基 H-19 型直升机上与她的相机合影。

15 上图 法国摄影师亚恩·阿蒂斯－贝特朗将航空摄影的意义提到了新高度，他拍摄了上千张令人印象深刻并富有诗意的照片，在 20 世纪 90 年代唤起了大众对环境问题的关注。

15 中图 20 世纪 70 年代悬挂式滑翔机发明后，超轻型飞机让公众有可能参与真正的航空拍摄。

15 下图 现在最先进的航拍系统是无人机，这里展示的是一个“四旋翼”设备，可用于军事或民用的多个方面。

16–17 这张照片拍摄于 20 世纪 40 年代的黎巴嫩，图上有一座 13 世纪的十字军城堡，由一座桥连接。拍摄者是澳大利亚航空摄影师弗兰克·赫尔利，他参与了两次世界大战，多次前往南极洲探险。

18–19 地球上很多美景只能从高空欣赏，比如图中坦桑尼亚的纳特龙湖，这里气候极端炎热，气温高达 60℃，表面沟壑纵横，完全不适合人类居住。

亚洲

日出东方

亚洲广阔无垠，横亘东西。太阳每天都从亚洲的东方升起，在这里国际日期变更线穿过白令海峡将世界一分为二。提及亚洲，人们立刻会想到它是地球上最大陆地的主要部分。巨大的陆地地貌崎岖、高低不平，灰色是河流三角洲的淤泥，黄色是发育不良的植被、苔藓和地衣。这片空旷的陆地，似乎不会发生什么变迁。两万年前，亚洲的古人类穿过这片陆地，最终迁徙至美洲。在那之后，这片大陆也确实没有经历太大的变化。然而，是什么照亮了这片荒芜的风景？一条冒着烟的火山链，迤逦向南。这链条的每颗珠子都是完美的圆锥，顶上覆盖着皑皑白雪，一路绵延至同样白雪覆顶的富士山。

说到亚洲，人们难免会感叹它的独特之处，在这片陆地上，一切鲜明突出的差异都被重新组合在一种奇异的而又不可言喻的和谐之中。事实上，这是亚洲大陆的一个亘古不变的特征。在这里，强大的、无处不在的大自然，或者说是势不可挡的大自然，与不断扩张的人类文明碰撞出极具戏剧性、有时又颇具诗意的火花。在亚洲，无人区和发达的大都市之间长期发展不平衡，规模庞大的现代基础设施穿过无人区，为大都市提供服务，比如绵延百万千米的多车道高速公路和铁路，取代了尘土飞扬的丝绸之路；此外南亚和东亚有数不胜数的悬索桥，还有长江三峡大坝这样规模浩大的工程。在这片广袤的大陆上，这些基础设施仿佛都只是一些细细的线条，串起黄土高原的巨大赭石色块，然后连接亚热带森林的深绿色块，直至最终汇入海洋的无边蓝色之中。

这些线条反映了人类某些自命不凡的幻想，仿佛我们可以超越时间、征服未知，但幻想终究是幻想，技术和工程上的伟大成就无法掩盖人类在大自然面前的渺小。现代人类所建造的建筑和基础设施与古代的那些并无二致，比如长城，其最著名的一段，即明长城，从渤海湾开始，起点是一座壮观的石制龙头，一路向西逐渐变成由泥土、木头和草灰建成的土墙，直到最后消失在宁夏和甘肃的荒漠之中。这似乎象征着一个明确的警示：人类文明世界的成就就是这般逐步被大自然改造，尤其是在孤独广袤的中亚地区。尽管如此，长城由于其建筑过程中非凡的复杂性和横跨东面的长度，这一人类文明的作品仍旧屹立在中国这片土地，展示着不同文化之间的相互渗透，并在一定意义上成为衡量这些文明的尺度。沿着长城继续向西行进，中国的传统佛塔逐渐让位于尖塔，随后进入一片无垠的广袤大地。在那里，星空下的露天寺庙信奉着万物有灵的思想。

从上海和香港等城市的诞生和发展历程中，人们可以感受到文明与自然之间的史诗般的斗争。前者沿着 2000 多年前人工开凿的运河而建，现在是世界上人口第二多的城市；后者在一片无名而散落的小村庄的基础上，通过持续近 200 年的填海造地，以缓慢而顽强的方式超越了大自然设置的界限，并在 21 世纪建起各种造型各异、高度不一、颜色不同的摩天大楼。

当然，这种现象并不仅限于中国的城市，还有像孟买这样众所周知的人口超载的印度的大城市，规模稍小但人口更密集的菲律宾城市，以及亚洲大陆另一端的伊斯坦布尔（该城市跨越欧、亚两大洲）。伊斯坦布尔继承了拜占庭帝国的遗产，诞生于公元前 6 世纪，原本只是一个小小的希腊殖民地，在后来的几个世纪里也一直是一座小城市，直到变成君士坦丁堡，其广袤和宏伟程度仅次于罗马，然后成为现今的伊斯坦布尔：人口从 20 世纪 50 年代的不到 100 万增长到目前超过 1500 万。

随着时间的流逝而发生的转变时刻提醒着我们，亚洲城市的扩张并不仅仅发生在现代。在这片大陆上，城市化进程可以追溯到几千年前。亚洲不仅有世界上最大的城市，还有历史上最古老的城市。正是在亚洲，在小亚细亚（土耳其的亚洲部分）和巴勒斯坦之间，1000 年前就矗立着最古老的神庙和城市群，这里也许就是神话中伊甸园的所在地。尽管有些人认为伊甸园应该是 12500 年前的土耳其哥贝克力遗址（又称哥贝克力石阵），那些石阵比苏美尔人的金字塔还早许多年，而圣经认为金字塔是世界上最古老的神圣建筑；同时，哥贝克力遗址也比加泰土丘和耶利哥（被认为是最古老的城市）要更加古老。然而，在这里，在小亚细亚和巴勒斯坦之间，虽然一些古城仍被埋在印度河流域之中，比如哈拉帕和摩亨佐·达罗，但是这些古老城市的规划清晰可见，城市里分布着公共水池和砖砌建筑包围的神秘广场，我们可以毫不费力地辨认出其与现代城市规划的共同之处。也正是在亚洲，早在公元8世纪，中国的长安城，也就是现在的西安，人口率先超过了100万，比伦敦早了1000多年。

即便如此，在亚洲大陆上，广袤的无人区至今仍然占据着主导地位。亚洲大陆上还有一些偏远的地方，比如位于西伯利亚的通古斯卡，孤立在遥远的北方的针叶林海之中，以至于需要花费10多年的时间才能组织一支探险队去探索彗星或陨石在那里的撞击爆炸点。当年的那场爆炸击倒并烧毁了数百万棵针叶树，远在伦敦的人们都能看到当时被冲天火光点亮的天空。虽然世界上最长的河流并不在亚洲，但亚洲的河流水量充沛。亚洲第七长的河流鄂毕河（全长3650千米）几乎可以匹敌欧洲流域最广的河流伏尔加河（3690千米）。亚洲内陆浩瀚无垠的戈壁滩则具有绝无仅有的风光，在戈壁滩上，海洋对气候的调节作用鞭长莫及，以至于此处夜间的温度经常可以降到零下20℃，昼夜温差达40℃以上。在这里，天空和大地如镜像一般对峙，目之所及，光秃秃的石漠一马平川，一直延伸到西部与塔克拉玛干的沙丘相连。那片沙海和英国的国土面积一样大，但从天空俯瞰，又十分荒凉，如火星的地表一般。

亚洲大陆除了极度荒凉的地区（如泰加林带，只有无数的树木，几乎没有动物居住），还有潜伏在地下的毁天灭地的力量。南亚的火山链，包括地上的火山以及地下或者海平面以下的火山，几十万年来一直给人类的生存带来麻烦。1883年，著名的喀拉喀托火山的喷发带来的灾难与2004年袭击亚洲甚至非洲海岸的海啸相比，可以说是小巫见大巫，后者一天之内就造成数十万人死亡。即使是2004年海啸这样的自然灾难，与大约7.5万年前苏门答腊岛多巴火山的喷发相比，也相形见绌。多巴火山喷发是人类历史上经历的最大规模的火山喷发。根据某些推断，如果那次喷发哪怕再剧烈一点，我们今天很可能没有机会谈论它了，因为当时为数不多的人类将被这场火山喷发彻底消灭。幸运的是，那次爆发的受害者“只有”几百个，或者也许是几十个对火山喷发一无所知而受到惊吓的人。

在自然环境和人类发展这两方面，亚洲因其“巨大”和“极致”的特征而著称，而这一切其实可以归结于这片大陆的另一个动力，即增长、变化。那些目前已经是世界上最高的山峰仍在不知不觉中继续增长，就像人类文明的前行也在不知不觉中扩张到了以前看似不可能触及的地方。拉萨的布达拉宫几百年来一直像岩石上的堡垒一样与世隔绝，保护周围萦绕的神性免受任何外来侵扰（更确切地说是外国），但今天这座堡垒却被现代城市以及旅游朝圣者所包围。白雪皑皑、冰川覆盖的喜马拉雅山脉也经历了同样的变化，原本它们就像是众神的居所，看起来永恒不变，而现在，随着冰川消融露出灰色的岩石斑块。甚至，企图征服海拔8848米的世界最高峰珠穆朗玛峰的人接踵而至，随着登山装备的不断升级，登顶的人数也越来越多。

当然，大自然也存在对人类文明的反攻。大自然的扩张（特别是荒漠化以及沿海地区的洪水）让人类的工程不断后退，甚至几乎消失。比如以色列的马萨达城堡所见证的那样，曾经傲然而宏伟的建筑，如今却被遗弃并暴露在风的侵蚀之中，几乎与周围的沙漠融为一体。这是公元前1世纪大希律王

在马萨达建造的宏伟建筑，一座在数层岩壁中开凿出来的宫殿，仿若童话般令人眼花缭乱。尽管在大希律王死后，曾经宏伟的建筑不得不面对残酷的战争，但是若要彻底粉碎抹去这些宏伟的宫殿，还得依靠大自然纯粹的改造与打磨的力量。

另一座同样具有象征意义且更为复杂的城堡，是伊朗的巴姆古城。这座古城建于公元前 5 世纪，自那以后的 2000 多年里，在中亚无边无际的天空下欣赏巴姆古城一直是一种令人振奋的经历。这座古城仿佛是一片由《一千零一夜》里的建筑所聚成的海洋，到处是贴着蓝色瓷砖的宫殿，阴凉的拱廊、广场、房屋、马厩和清真寺，然而在 19 世纪中叶这座古城却被遗弃了，至今原因不明。大自然把它变成了一座“鬼城”，人类文明又将它夺回变成了旅游胜地。2003 年，大自然再次试图在一场地震中将其夷为平地。最近，人类文明拒绝看到它被大自然慢慢摧毁，付出了巨大的努力，正在一点一点地重建这座古城。

因此，尽管 19 世纪末盛行的实证主义对亚洲有过偏见，认为当时的西方急于通过这样的比较来放大自身所谓的活力。亚洲有迪拜，高耸入云的摩天大楼、棕榈形的人工岛，以及全球最高的哈利法塔——高达 828 米，它比世界上其他地方的最高建筑高出 200 多米，这些都象征着亚洲的变化与发展。曾经的波斯伊斯法罕医科大学也见证了亚洲的发展，这座大学成立于 1000 年前，建筑设计合理通透，相对而言，几百年后的西欧才改良其令人窒息的城市建筑。亚洲不是永恒的，如果我们去看看大陆东南部的海岸和岛屿，就会发现它们正在被缓慢上升的海平面慢慢吞噬。然而，至少在理想的层面上，或者说在浪漫的层面上，亚洲那些孤独的废墟和至今仍然屹立不倒的遗迹代表着这片大陆的永恒不变。例如，伊拉克萨迈拉的螺旋尖塔，在文艺复兴时期就激发了西方描绘巴别塔（巴别塔是宗教传说中的高塔，隐喻人无法成为全知全能的神——编者注）的灵感，今天在饱经战乱的伊拉克，萨迈拉的螺旋尖塔奇迹般地幸存了下来。从这个意义上说，这片大陆令人震撼的浩瀚无垠最终都浓缩集中在这些美丽的珍珠之中，人类与自然的磨砺孕育出这些美丽的珍珠，证明亚洲的永恒不变。

只需飞越阿格拉的泰姬陵或耶路撒冷的岩石圆顶清真寺即可体会到亚洲的永恒。前者是一座陵墓，后者是现存第二古老的清真寺。这些遗迹的颜色、形态以及其无与伦比的轻逸至今仍完美无缺，它们的存在完全区别于四周的现代城市，就像是无声的呐喊对抗着遗忘。耶路撒冷是世界上最古老的城市之一，城中的岩石圆顶映衬着蔚蓝的天空，在同一片天空下曾经矗立着大卫王和所罗门王的首都，这两位王者都无比自信，近乎傲慢无理。尽管如此，人们在瞻仰岩石圆顶时，仍会难以抑制赞叹之情。在阿格拉，泰姬陵则代表着对永恒的渴望，这种渴望超越了文明和自然的对峙，这两者在创造和破坏时拥有同等的威力，而这种渴望则像是一束光穿透对峙。另一处值得一提的遗迹是伊斯坦布尔的大教堂，即圣索菲亚大教堂。现在这座教堂已经成了一座博物馆。公元 1453 年，法提赫苏丹穆罕默德征服了当时业已破败的君士坦丁堡，成为这座城市名义上和实际上的领导者，尽管法提赫苏丹穆罕默德是穆斯林，也是奥斯曼人，但他并未损毁索菲亚大教堂，而是赋予其新的荣耀并将其完好无损地保存了下来。

当然不是每一处文明的遗迹都能够抵抗破坏的力量。比如，巴米扬的大佛就再也无法安抚那些飘荡在浩瀚亚洲大陆上的焦虑不安的灵魂，但所幸我们仍保留着这尊大佛的照片，所以今日仍能谈及。那些遗留至今的黑洞洞的壁龛仍能让我们领悟到包容之充实与不包容之空洞的对比。

总而言之，从空中俯瞰亚洲可能是一种令人振奋或令人不安的体验。既能看到过去，也能看到现在，以至很难去想象未来。然而，正如 14 个世纪之前阿拉伯战士兼诗人拉比德 · 伊本 · 拉比阿在描述亚洲西部荒野之中的祖国时所歌唱的：

湍流冲走了泥沙，
让古老的遗迹重见天日，
就像芦苇笔，
在褪色的羊皮纸上
勾勒出字母。

拉比德仿佛是从天上往下观察着大地，似乎也是在邀请我们保持一定的距离以更好地解读这片大陆。诗人建议我们像解读古代羊皮纸卷轴的象形文字一样，观察这片大地是如何在我们眼前展开。他鼓励我们跨越并融合空间与时间去破译这些文字。实际上，我们往往被自己的感官所欺骗，觉得时间和空间是截然不同的两个维度。只有通过这种方式，我们才有可能欣赏并感受到亚洲大陆独具穿透力的景致。

伊斯坦布尔

土耳其

26

这座城市的历史可以追溯到旧拜占庭时期，以及后来的君士坦丁堡时期，从4世纪延续到15世纪。原本围绕在城市周围的山丘，如今全部被后来新建的伊斯坦布尔所占据，沿着博斯普鲁斯海峡一直延伸到视野的尽头。自20世纪50年代以来，这座城市的人口增长了10倍，人口的增长速度与东亚相当，这些新增人口主要归因于国内移民。从某种意义上说，这座新的伊斯坦布尔比以往任何时候都更能代表这个国家：事实上，伊斯坦布尔原住居民只占这座城市总人口的三分之一。除了三座现代新建的大桥，加拉塔大桥（右）、哈利奇大桥和阿塔图尔克大桥之外，照片中的另一处景观也十分引人注目，那就是伊斯坦布尔的大巴扎里各种奇形怪状的红色屋顶，这片集市从1455年开始活跃至今。

26-27

1890 年前后，古老的翁卡帕尼大桥。这座大桥横跨金角湾，位于后来更为著名的加拉塔大桥西北方向，两座大桥仅相距几百米。曾经的翁卡帕尼大桥如今已被阿塔图尔克大桥所取代。翁卡帕尼大桥建于 1875 年，为了与加拉塔大桥区分开来，它也被称为“老桥”。大桥可以在中间打开以便船舶通行。由于当时奥斯曼帝国的衰落已然势不可当，那些年的伊斯坦布尔所拥有的更多的是历史而非实际的权力，但这座城市仍旧充满魅力且商业繁荣。背景中矗立着法提赫清真寺的尖塔，法提赫清真寺以君士坦丁堡的征服者苏丹穆罕默德二世的名字命名，18 世纪之前多次重建。

耶路撒冷

以色列

28

画面左侧是阴影中的汲沦谷，上方是大卫城，右侧是耶路撒冷，这三处从北方往下环绕着画面正中的圣殿广场。当时耶路撒冷城周围仍然环绕着16世纪苏莱曼大帝建造的城墙。公元前1世纪大希律王对第二圣殿进行了最后的修整和扩建，后来，画面中心这片宽500米、长300米的区域成了第二圣殿仅存的全部遗迹。这座古老的祭奠圣地的核心部分被保存在图像中央的建筑下面，这是哈里发·阿卜杜勒·马利克7世纪末建造的简易清真寺，后被称为“岩石圆顶清真寺”，因为它的地基中埋着“亚当的岩石”，据说上帝就是在这里创造了世界和第一个人，亚伯拉罕带领以撒在这里献祭（以撒是亚伯拉罕的儿子——编者注），后来，先知穆罕默德也是在那里升到了天堂。画面右上角是西墙（或称哭墙），虔诚的犹太人在其脚下朝向“亚当的岩石”进行祈祷。值得注意的是，画面中岩石圆顶清真寺的穹顶是深色的，当时上面仍然覆盖着铅板。

29

这张照片中的岩石圆顶清真寺与上一张的最大的区别是1959年在穹顶上涂了纯金涂层，此后1993年穹顶上再次添加了80千克的黄金，这些纯金涂层让岩石圆顶像耶路撒冷圣城上空的灯塔一样闪耀。这座八角形建筑的灵感来自拜占庭建筑，并装饰了精美的多色瓷砖、库法体铭文和白色大理石，因而不需要凭借高耸巨大的建筑来彰显其如纪念碑一般的魅力。人们认为阿卜杜勒·马利克建造它是为了证明伊斯兰教的胜利，因为当时伊斯兰教与犹太教和基督教相比还处于弱势。然而，也有人怀疑阿卜杜勒·马利克是想用这座岩石圆顶清真寺取代麦加的克尔白神庙，成为伊斯兰教最神圣的宗教圣地。

马萨达

以色列

30-31

今天，马萨达（“城堡”或“堡垒”）已沦为废墟，隐没在周围的沙漠景观中几乎难以辨别。这废墟如今已被加固，河岸边希律王留下的防御工事的遗迹清晰可见。这些防御工事由平行的高墙组成，上面布满了由岩石建成的碉堡。人们可以很清晰地辨别出画面前方的游泳池，中间靠左是西宫，即希律王的王宫；北端是北区建筑群，有长长的一排排仓库，为国王的这座雄伟宫殿提供补给。左边的阴影区是第十罗马军团的营地，该军团在公元 73 年围攻马萨达，最终通过堆砌一个人工斜坡和移动的攻城塔成功进入堡垒内部，但进入堡垒后却只发现 960 名被困者，除了 2 名妇女和 5 名儿童外，其他人都已自杀。

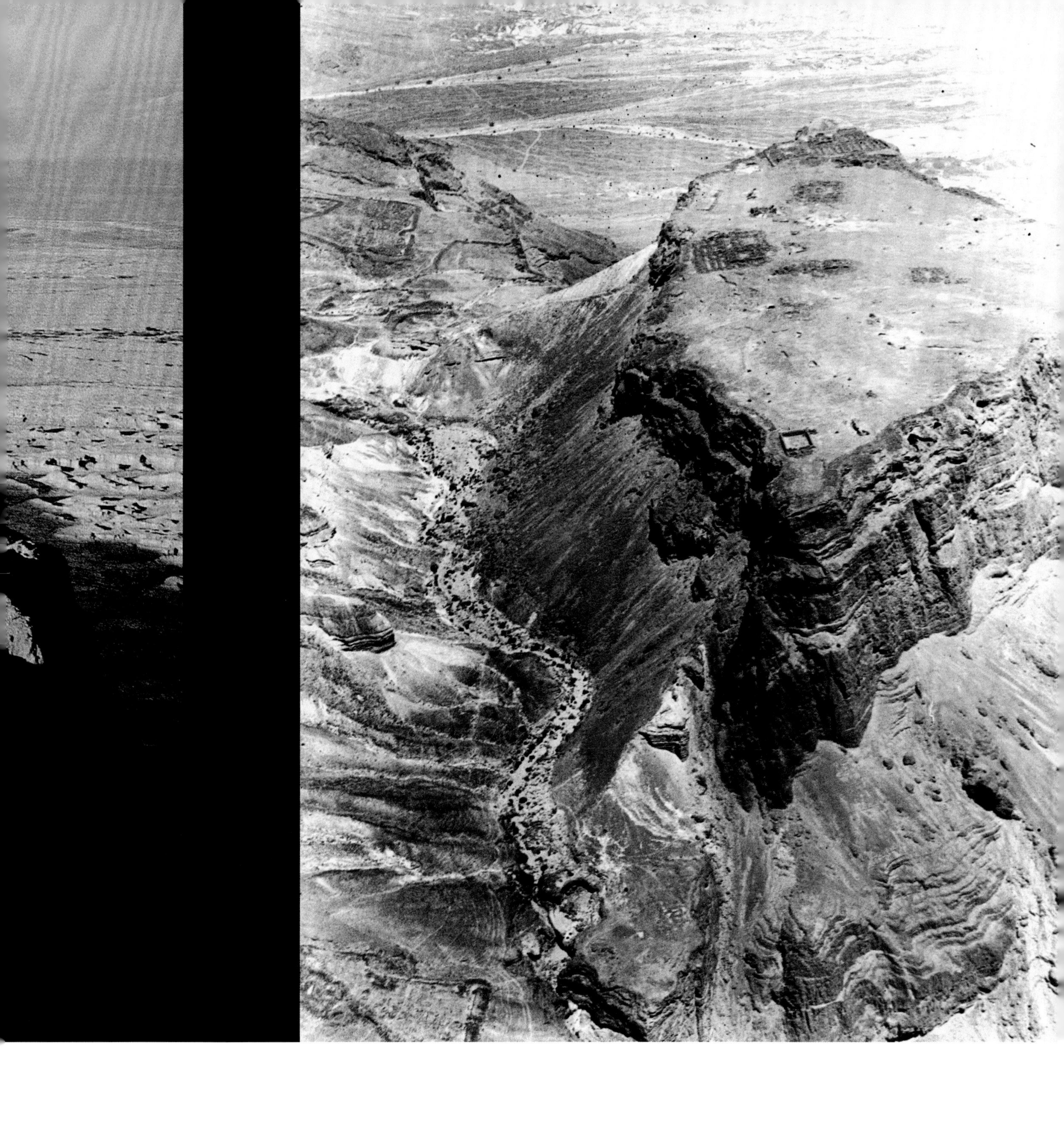

31

由于地质运动导致马萨达逐渐被抬高至 400 米，耸立在犹地亚沙漠中，像一艘岩石战舰，坚定地驶向北方。目前尚存的废墟与这座城堡的象征意义相比微不足道，马萨达见证了公元 1 世纪犹太民族抵抗压迫，随后四散漂泊的历史。这张由佐尔坦・克鲁格拍摄的照片，在某种程度上给历史提供了见证：照片拍摄于 1938 年，距离后来新以色列正式宣布建国只有 10 年。

阿卡

以色列

32

鲍德温一世在 1104 年征服了圣乔万尼·阿卡，也是十字军在圣地的最后一个据点，与很多其他规模不大的小城一样，阿卡有着非常悠久的历史。阿卡所处的短岬角从北面封闭海法湾，形成一个天然的庇护所，自青铜时代起就有人在此居住，距今已 5000 多年。阿卡之所以成为众多战役的焦点，是因为它位于海边，并且靠近内地的商队路线。这张照片摄于 20 世纪上半叶，当时这些商路仍在使用之中。

33

今天的阿卡具有完美的黎凡特（广义上指东地中海地区及其所有岛屿，大体包括今天的叙利亚、以色列、约旦、黎巴嫩、巴勒斯坦和土耳其南部地区——编者注）风光，由低矮的建筑组成，这些建筑部分由城墙围住（照片中的阿卡的城墙是 18—19 世纪在十字军东征时的城墙遗迹上重建的）。在错综复杂的房屋和狭窄的街道中，一些古代建筑脱颖而出，例如在海岸边可以看到两个商队驿站的方形庭院，建于 18 世纪的杰扎尔清真寺的灰色圆顶，以及几乎与之一墙相隔的十字军城堡。13 世纪，马可·波罗前往中国北方的小商队就是从阿卡出发的，当时这座古城里可能有 3 万名居民，比今天的 4.5 万人少不了多少。

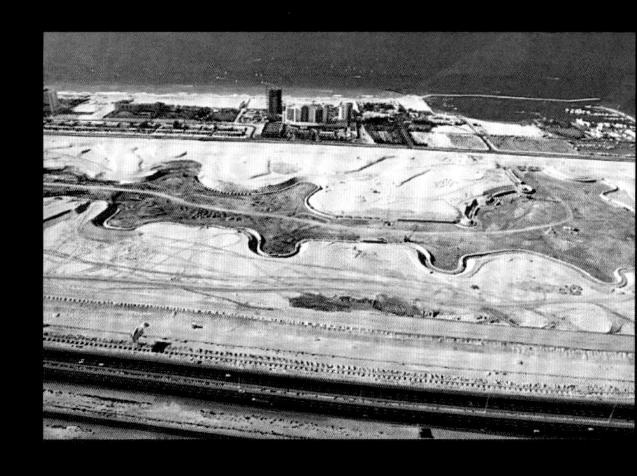

迪拜

阿联酋

34-35

在迪拜的主要财富来源还只是港口和周围水域中的珍珠时，这座阿拉伯联合酋长国最大的城市只是阿拉伯半岛最干燥的海岸线上的一个小城镇，城里都是低矮的建筑。1966 年，这里的石油被发现后一切都改变了。从滨海湾的天际线可以猜测出这期间的变化之大、之快。滨海湾是 2003 年以来在沙漠海岸线上建造的沿海区域，在右上角的照片中可以看到当时还处于早期发展阶段的建筑工地。完工后，迪拜码头成为一个独特的摩天大楼集合地，这些大楼的高度都在 250~500 米。

36

20 世纪 70 年代，阿布扎比看起来与阿拉伯半岛的其他沿海城市没有什么不同，城里到处都是千篇一律的建筑和大片在建的空地。在以前的滨海环岛的中心，耸立着这座城市的地标建筑之一——钟楼。这座城市的财富来源要归功于 18 世纪饮用水的发现、19 世纪和 20 世纪初的珍珠贝捕捞以及 20 世纪 30 年代以来的石油开采。当时阿布扎比有一个传统的露天市场，在 21 世纪初被世贸中心建筑群所取代，今天仍有些人对此深感遗憾。

阿布扎比

阿联酋

36-37

阿布扎比是阿拉伯联合酋长国的首都，现在已成为仅次于迪拜的人口第二大城市，但在发展水平上，尚无法与迪拜匹敌。排水技术的发展和人工岛的建设为这座城市增加了建筑用地，大大改变了受沙漠气候影响的海岸线。在这样的条件下，不可避免的问题是如何保证可持续性的快速发展。阿布扎比依靠其高效的供水系统，有效地对海水和地下水进行淡化处理，并处理城市污水，然而这些供水系统必须得满足仍在持续发展的城市的用水需求。

马斯喀特

阿曼

38

马斯喀特是阿曼苏丹国的首都，其市中心是昔日的港口，与城市的其他部分——迄今为止的大部分城区——非常奇妙地被地形隔开，后者向内一直延伸到丘陵环绕的干旱地区。现在，马斯喀特的城市生活在很大程度上与政府活动相关，同时这座城市是繁荣的贸易中心，交易的商品既包括传统特色的产品，比如海枣和珍珠，也包括一些没有特色的，但是利润空间更大的产品，比如20世纪60年代以来开采的石油。

38-39

马斯喀特所处的地区几千年来一直有人类居住，古代这里就是一个重要的港口。这处港口被铁甲一样的群山环绕，位于东西方贸易路线上的重要战略位置。在这张拍摄于 1905 年的照片中，马斯喀特靠海的一侧伫立着长长的城墙，意味着这座城市优越的地理位置曾激起了很多人想要占有它的野心，比如3世纪的萨珊人、16世纪的葡萄牙人、18世纪还在争夺它的奥斯曼人和波斯人，正是在 18 世纪，赛义德王朝出现并开始掌权统治这座城市。

40-41

在马尔代夫群岛的最南端，阿杜环礁的细长轮廓将右侧的印度洋与印度洋面积最大的环礁湖分开。阿杜环礁和群岛上的其他环礁一样，在2000多年前成为印度北方人的殖民地。现在，当地经济以捕鱼、航运和当地产品贸易为基础，此外，海滩边鳞次栉比的旅游设施证明当地的旅游业有了明显的发展。

阿杜环礁

马尔代夫

41

阿杜环礁在第二次世界大战期间扮演着重要角色，当时它被改造成一个超级隐秘的皇家海军基地和弹药库，具有非常高的战略地位。阿杜环礁几乎位于印度洋的地理中心，不管是抵抗来自东北方向的日本军队的扩张，还是应对德国舰队的行进，这一处环礁都是绝佳的位置。此外，由于阿杜环礁的大部分岛屿无人居住，因此它非常适合用于军事，其军事用途直到 1975 年才结束。

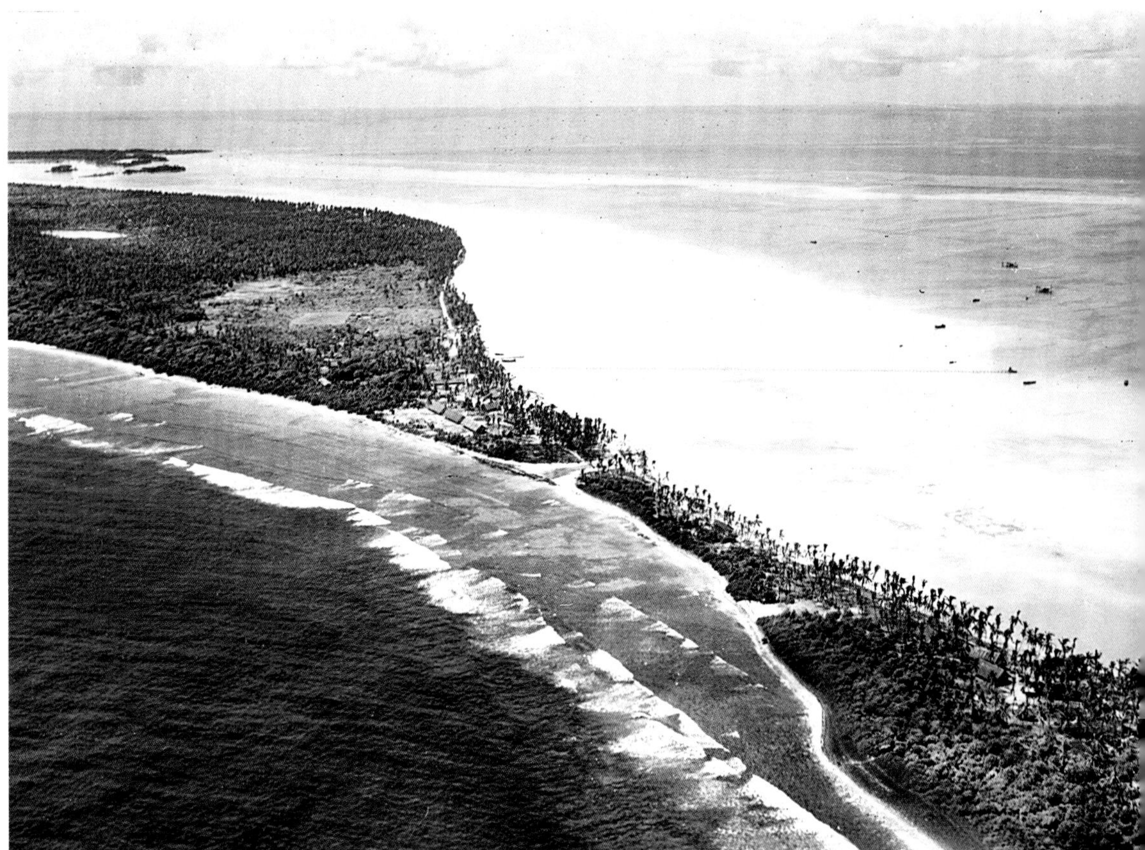

泰姬陵

印度

42

这张照片拍摄于 1932 年，当时印度还处于英国的统治之下。“泰姬陵”在日常的谈话中常被用来描述异常完美的事物。泰姬陵主殿前方的庭院完美对称，这座天堂花园是《古兰经》中描述的天堂在人间的镜像，完美无瑕，正如这座陵墓所使用的大理石一般。泰姬陵建于 17 世纪，是印度穆斯林皇帝沙贾汗为纪念挚爱的妻子穆姆塔兹・玛哈尔而建造的。传说中这座耀眼的陵墓并不完整，据说沙贾汗曾计划在建筑群后面流淌的亚穆纳河上建造一座黑色的泰姬陵。拍摄这张照片的时候，在被命名为“魔毯”或“飞毯”的斯蒂尔曼 C-3-B 双翼飞机上，美国冒险家和作家理查德・哈里伯顿正在进行他的环球飞行之旅。

43

泰姬陵通体由白色大理石建成，大理石的表面还镶嵌着坚硬的宝石，勾勒出各种不同颜色的字样和植物花样，与蕾丝花边一样的雕花石板交相辉映。建筑整体会随一天内不同时段的不同光线而呈现不同的颜色，比如从粉白色转为琥珀色。选择白色的大理石也意味着沙贾汗想要建造一处独特的建筑，因为莫卧儿建筑的传统颜色是红色（从画面中泰姬陵另一侧露出的贾瓦布清真寺就可以看出来）。画面中央的主殿内放着沙贾汗和穆姆塔兹·玛哈尔的四个石棺：两个“假的”在主厅，两个真的在主厅下层。

新加坡

新加坡

44

新加坡的中央商务区具有与现代“城市国家”相称的精确紧凑性。因为其有限的领土和强大的经济实力，新加坡经常被称为“城市国家”。新加坡河入海处两岸辉煌的灯火见证着新加坡的历史：右下是1939年的前最高法院的绿色圆顶，这是一座晚期的新古典主义建筑，现在这座建筑成了新加坡的国家美术馆，左下是历史悠久的维多利亚剧院的钟楼，其历史可以追溯到1905年。

45

20世纪中期前后，新加坡的人口相对较少，约为100万，整座城市由巨大的公共建筑组成，比如左侧可见的白色警察局大楼，其历史可以追溯到20世纪30年代中期。这些公共建筑群嵌入杂乱的仓库、货栈、商店和住房中，构成了西方传说中的“老新加坡”。事实上，新加坡的近代历史也历经风雨：1942年的新加坡之战（第二次世界大战中，驻新加坡的英军与日军交战，英军落败——编者注）见证了英国军队的投降，随后新加坡遭受了日本侵略者多年的严酷镇压。

曼谷

泰国

46

20 世纪初，曼谷还是一个相对年轻的首都，其首都身份确立于 1782 年。这座城市的建立有其特殊的目的，当时是为了建造一座可以与已然沦陷的大城相媲美的城市。大城是 1767 年被缅甸人摧毁的暹罗首都，在当时是一座十分辉煌的城市，甚至连外国居民都忍不住赞叹其繁荣、惋惜其沦陷。曼谷皇宫并没有辜负人们的期望，皇宫内建有无数的宫殿、亭台楼阁、花园、皇家寺庙和佛教圣地［如照片夜空中非常突出的尖顶切迪（宝塔）］，这些建筑使曼谷皇宫成为暹罗皇家建筑的新杰作，也是目前仍统治着泰国的查克里王室的官方所在地。

46-47

曼谷皇家田广场（沙南銮），位于皇宫建筑群的北面，在这个拥有1000多万人口的繁忙城市中，平日里此处是一座孤岛。在特殊时节，比如由国王主持的祈雨仪式或已故王室成员的火化仪式时，这里则成为人民和君主的联系点。在泰国这个国家，君主仍然具有强烈的神圣内涵。在皇宫之外，画面中可以看到右上方的三角形花饰，这就是阿伦寺的“蓝塔”，即“黎明之庙”，它被认为是曼谷的象征，阿伦寺位于吞武里。在曼谷成为首都之前，吞武里是过渡时期的泰国首都。

吴哥窟

柬埔寨

48-49

吴哥窟的五座“玉米棒”宝塔被包围在围墙之中，这些围墙象征着周围的山脉，守护着众神的居所，让凡人无法进入其中。15—16 世纪时，第一批在亚洲和美洲旅行的西方人记录了他们在旅途中的所见，旅途中他们为许多文明古迹而赞叹震惊，吴哥窟便是其中之一。吴哥窟建筑群始建于 12 世纪，最初由信仰印度教的高棉统治者主持建造，在 12 世纪末成了佛教寺庙。护城河和外围的人工湖是高棉建筑和城市规划的典型特征。

49

现在，吴哥窟作为一处文化遗产，在经济、文化和意识形态方面都具有不可估量的价值。在波尔布特近乎自我毁灭般的独裁统治中，这座非同寻常的寺庙建筑群几乎完好无损地幸存下来；20 世纪 80—90 年代，波尔布特下台之后，吴哥窟反而遭受了最严重的破坏，被艺术盗贼剥去了所有可以拆除的东西。现在，吴哥窟遗址受联合国教科文组织的保护，是柬埔寨很大一部分旅游收入的来源（其中大部分被重新投资于这片建筑群的修复和保护），同时也是柬埔寨国家一个强有力的象征。

50-51

从高处俯瞰，是唯一能够一览婆罗浮屠这座巨大的佛教遗迹全址的角度。这是一座用安山岩石砌成的人工山，最高处达 35 米。婆罗浮屠是一座大乘佛教佛塔遗迹，共 9 层，下面 6 层是正方形，上面 3 层是圆形，代表了佛教教义中的“上升到完美境界”，即摆脱对“相”的欲望和幻觉。顶层的中心是 1 座圆形佛塔，被 72 座钟形舍利塔包围。根据对“婆罗浮屠”这一名称的一种解释，也有人认为顶部的佛塔应该是一座舍利塔，被认为是“佛祖的房子”。无论是寺庙还是舍利塔，婆罗浮屠都是一个无与伦比的佛教教义符号的汇编，是印度尼西亚文化对内在世界和佛教宇宙的平面图解。

婆罗浮屠

印度尼西亚

51

1814年，当斯坦福·莱佛士爵士，也就是未来的新加坡创始人，得知婆罗浮屠的存在时，这座遗迹早已被植被淹没，遗迹上面覆盖着自11世纪被遗弃以来（遗弃的原因仍然是个谜团，也许是由于火山喷发）的层层火山灰。在那之前的两个世纪，也就是公元9世纪，婆罗浮屠就已建成，但人们对它的历史了解不多，只知道它的设计者是杰出的建筑师古纳德尔玛。由于婆罗浮屠长时间被遗弃，随着时间的推移，人们逐渐忘记它原来的功能。这处遗址成了一处充满险恶和不幸的传说的地方，比如在18世纪时，曾有爪哇一位王子，打破了不得进入婆罗浮屠的禁忌，大胆探寻这处遗迹，后来不幸身亡。

胡志明市（又称西贡）

越南

52-53

边宜河在与西贡河汇合之后继续向东延伸，在越南人口最多的城市中心，即胡志明市城区曲折前进，河岸两旁多层的企业大楼、住宅楼以及公共建筑林立。左下方是越南国家银行本部的红色屋顶，它位于一座法国殖民时期的建筑中（1862—1954 年），既突出了这座繁荣城市的商业天职，也彰显了它的历史和文化价值。虽然越南已经统一，这座城市也更名为胡志明市，但今天人们仍然普遍称其为西贡。

53

20 世纪 50 年代，西贡正处于其复杂历史中的一个过渡阶段，当时法国殖民占领刚刚结束，国家处于分裂的前夕。从东边看，画面上的大片区域是被淹没的稻田，这一带原本是一片森林，早在高棉时期就有人居住于此。西贡河和汇聚于此的运河为胡志明市提供了重要的经济来源，既可发展渔业，又是湄公河三角洲地区的贸易路线。时过境迁，现在城市面貌发生了很大的变化，但是画面右边可见的广场建筑群仍然没有变，现在是越南国家银行，也曾经是印度支那银行的所在地。

香港特别行政区

中国

54-55

20 世纪初，各种拖船、渡船、货船和军舰在香港港口的水域中来来往往。在港口中，传统舢板船的高大船帆引人注目，穿梭于画面中的城市与港口对岸繁荣的九龙半岛之间。画面中央矗立着圣安德鲁教堂，右侧是板球场，上方是电报局的圆顶，附近还有几个军营、行政办公楼和工厂。在画面的右侧，我们可以看到一处长而低矮的建筑，那是尖沙咀煤库，不久后在那里建起了一座火车站。水面上一艘白色的英国军舰正在巡逻。

55

在短短的 100 多年里，老香港已被“淹没”在新建的摩天大楼之中。相较于前一张照片，画面中唯一依稀可辨的共同元素就是画面中间偏左的尖沙咀的海岸线。在这张照片，可以纵览香港这座城市的两个巨人：右边是 420 米高的国际金融中心二期摩天大楼，因其大胆的垂直度和圆形的顶部而被称为“香港手指”；河对面是 484 米高的环球贸易广场，矗立于九龙半岛。数据可以清晰地说明香港的城市发展：1841 年当地人口 7500 人，1860 年后人口达到 12.5 万，而今天香港人口已超过 700 万。

上海

中国

56

照片中是传奇黄金时代的上海外滩。沿岸辉煌的西式建筑让这条外滩大道显得无与伦比。20 世纪初，上海外滩慢慢发展起来，此前这一带是英国商人聚集区旧址，南边是曾被城墙围住的上海城，正是在这一时期，中间的城墙被拆除了。

原本盘踞在川流不息的沿江地带的银行、商业中心和奢华的酒店等，1949 年之后都被关闭了，直到“文化大革命”结束之后，也就是 20 世纪 70 年代末 80 年代初，这些建筑才逐渐恢复其原来的用途。

57

平缓而宽阔的黄浦江将现代上海一分为二：左边是浦西，右边是浦东。632 米高的未来主义建筑上海中心大厦（2015 年）与 1995 年建成的闻名遐迩的东方明珠塔交相辉映。东方明珠塔共 153 层，高 468 米，内部设有餐厅、酒店和公共空间等。与现代建筑相比，同样令人赞叹的是这条黄浦江，它最宽达 700 米、深约 10 米，是在公元前 3 世纪的战国时期由人工开凿而成。时至今日，上海已成为世界第二大人口城市（3000 万），外滩的景象比过去更加壮观。

北京

中国

58

紫禁城像一幅古画上的印章，印刻在首都北京的中心。在中国历史上的数个朝代，这座城市都是国家政府的所在地。紫禁城这座宏伟的建筑群始建于 15 世纪初，最初是作为皇帝和宫廷的所在地，这一地位和功能在明清两代共延续了 5 个世纪。这张照片是在清朝末期拍摄的。当时的中国历史高潮迭起，乾隆皇帝（1736—1795 年）之后，清朝逐渐走向衰落，直到最后清朝的统治在末代皇帝溥仪时期结束。

58-59

从天安门一侧看到的紫禁城被“筒子河”包围，这是 15 世纪明朝初年开挖的防御性护城河。这条运河的水来自西山，同时也汇往左上方的北海。10—20 世纪，各个朝代的皇帝多次对北海进行改造（后得名北海公园——编者注）。自 1925 年起，北海公园对外开放。园内琼华岛上伫立着一座白色的佛塔，这座佛塔建于 1651 年；13 世纪时忽必烈接待马可·波罗的宫殿也位于这座小岛上。在紫禁城的城墙之外，北京现有人口 2000 多万，是 20 世纪上半叶的 10 倍。

首尔

韩国

60

照片中，世宗路直通向一座新古典主义宫殿，那是人们所熟知的韩国总统府。这处宫殿建成于 1926 年，是当时日本帝国政府的朝鲜总督官邸所在地。20 世纪上半叶，韩国首都发生了两次重要的历史事件：首先是被日本占领，直到 1945 年；然后是 20 世纪 50 年代的朝鲜战争。这座宫殿就建在朝鲜王朝的景福宫遗址之上，见证着韩国的历史。景福宫是 14 世纪建成的王宫，19 世纪被日本殖民者重建。1994 年，日本殖民时期建立的宫殿被拆除，取而代之的是按韩国传统风格重建的景福宫。

60–61

黄昏时分，首尔塔在城市天际线熠熠生辉，背景是北汉山（837米）的山坡，此时，拥有1000万人口的韩国首都被山坡上的灯光照亮。北汉山是矗立在首尔城市中心的几座山丘之一，首尔向各个方向延伸了几十千米，与其郊区和卫星城镇一起，沿着汉江延伸到韩国与朝鲜的边界，画面左侧隐约可以看到汉江。首尔是一座辉煌的城市，它是大型跨国公司以及100多所博物馆和大学的所在地，同时也是1988年奥运会的主办城市。

东京

日本

62-63

画面右侧的言问桥街和左侧的浅草大道的灯火辉煌，相交成钳形，向现代东京的隅田川延伸。东京在第二次世界大战后被重建，现在覆盖了面积 1.35 万平方千米的都市区，相当于荷兰面积的三分之一。“大东京”如此之大，以至于城市内部比周围地区温度高，“城市热岛效应”明显。目前东京主要通过减少排放和增加绿化面积应对“城市热岛效应”。

63

在这幅东京市中心的照片中，隅田川和与其河道垂直交错的运河格外醒目。1944—1945 年，画面中的东京市中心被同盟国军队的轰炸引起的大火所吞噬。轰炸引发的火灾对一个大量使用木材和轻型材料建造的城市来说，破坏性尤其大，一个拥有 600 万居民的城市有一半被夷为平地。作为日本的首都，东京被严重损毁的经历并不新鲜，日本被地震和火灾袭击过数次，最严重的一次地震发生在 1923 年，但这座城市总是能从废墟中重新站起来。

长崎

日本

64

19 世纪 60 年代，长崎开启了其现代化进程的第一阶段，它将成为一个重要的工业城市——特别是巨型企业三菱所在的城市——并且在 21 世纪成为一个非常重要的港口。虽然城市规模相对较小，但是在此之前的两个世纪中，这座城市一直是外国人进入日本的几个极少数门户之一。17 世纪，为了推行内部和平政策，结束封建领主（大名）之间的长期战争，幕府将军（军事领导人）几乎完全关闭了整个日本群岛。

65

1945 年，长崎直径近 2 千米的城区被原子弹所湮灭。此后，长崎开启了其第二阶段的现代化进程并重新恢复活力。这座城市再次成为活跃的商业港口和造船厂，并继续其日本群岛上最重要的基督教腹地的地位。早在 16 世纪时，长崎就是基督教徒在日本的传教点。如今，长崎拥有著名的长崎大学，同时城市里也有数座基督教教堂，这些宗教建筑具有“异域”风格。

符拉迪沃斯托克

俄罗斯

66

直到 19 世纪 90 年代，符拉迪沃斯托克在普通人的想象中仍然是沙皇俄国一个贫瘠但具有战略意义的地区前哨。在此之前，沙皇俄国刚刚完成了对东方的“征服”，与美国的西进运动相似，且两者差不多发生在同时代。当时，符拉迪沃斯托克还是一座小城，城市的主要建筑都是木质的，但这种情况很快被改变。1871 年符拉迪沃斯托克已经有电报连接，1916 年著名的西伯利亚铁路通到了这座城市，并迅速改变了它的面貌，城市开始出现了石头建筑和鹅卵石街道。

67

符拉迪沃斯托克港受天然地形的保护，被穆拉维约夫－阿穆尔斯基半岛的南端圈住，沟通东博斯普鲁斯——位于亚洲最东边的海岸和公海之间，因此港口活动是城市经济的支柱。符拉迪沃斯托克既是一个海军基地（在画面中心可以看到俄罗斯海军的船只），也是巨大的游轮、商业货轮和渔船的停靠港口。此外，该市 60 万居民中有很大一部分人在汽车行业工作，特别是进口的日本汽车。

欧洲

日落之地

欧洲在希腊和罗马时代之前是什么样子？有一个充满文学趣味的描述，讲的是一只小动物（猴子或者松鼠），据说这只小动物只需在树枝间跳跃，就可以在不落地的情况下穿越整片大陆，从一端到达另一端。相比而言，地图或照片的描绘都显得不够奇妙生动了。从天空中俯瞰那时候的欧洲，它应该像是一片枝叶交错的森林，像毯子一般覆盖在大地上，而今天如果还想看到这样的森林，人们只能去往其他大陆了。

欧洲的面积虽小却十分重要。亚、非两洲的陆地面积占全球陆地面积的50%，而欧洲恰好位于这两个大洲交界的温带地区。欧洲森林面积的逐步消退意味着现代人类在这片大陆上的入侵。大约 4 万年前，一群现代人类从西亚和中东成群结队地来到欧洲，取代了当时侵略性较弱的尼安德特人，在那之前尼安德特人在这片陆地上已经居住了至少 35 万年。从那以后，欧洲一直是不同民族、文化和商业交流的通道，也是侵略者的必经之地。人们砍伐古老的森林，在这片陆地上留下自己的印迹，同时也会用自己的发展成果取代前人的成果。

自然风光和人文景致在广袤的欧洲大陆上密集地交错在一起，两者的相遇与融合，创造出大大小小的景观，兼具自然与人文之美，形成独特的欧洲风光。与其他大陆相比，欧洲大陆“空白”的区域很少，被密集的人文痕迹所覆盖，好像大自然反而是后来者一样，需要在人类文明的世界里为自己开辟空间。如果说昔日的小猴子可以从里斯本一路爬树到达莫斯科，那么今天走遍欧洲的任何地方，目之所及都是城市、工厂、铁路、高速公路、高压电线或者村庄。

即使在视线难以企及甚至看不见的地方，也有着众多人类留下的作品。许多隧道和实验室就隐藏在海拔 4000 米的伯尔尼阿尔卑斯山的晶莹雪峰之中；世界上最长的隧道，瑞士的哥达铁路穿透了整个山体的底部；沟通英国和法国的海底隧道穿越英吉利海峡的海底岩层；日内瓦西郊，欧洲核子研究组织将研究设备埋在地下 100 米处，总周长达 27 千米，那里的粒子加速器可以创造微型的大爆炸。我们可以说，这些人类的作品深深地扎根在这片大陆上，以至于它们就像化石一样，成为环境的组成部分。在欧洲，高塔、尖顶、圆顶、王宫和皇宫就像树木、巨石或灌木丛一样，“自然地”遍布其中。圣彼得堡云雾缭绕的天空并不显得比沙斯科塞洛的冬宫或凯瑟琳宫更蓝、更白、更宽广。

进入 20 世纪之后，雅典发展迅速，城市建设在大地上铺就了一片广袤的灰色空间，而雅典现代城区的中心仍然是历史上的小雅典。从很远的地方就能看到帕特农神庙闪耀着洁白的光芒，这座全球闻名的古典建筑建于公元前 5 世纪，它的一侧是蓝色的爱琴海，另一侧是淡红色的石灰岩山丘，一切仿佛仍旧是伯里克利时代的样子。爱丁堡也是一样，建于 16 世纪的灰色城堡与其底部的山岩完美融合、几乎难以区分。在法国卡纳克和英国巨石阵的原野上，如森林般耸立的石柱和石门更是如此，神秘又仿佛具有魔力，如同大自然本身。

欧洲大陆上到处都是大城市，经过了漫长时间成长的城市都像罗马等历史名城那样无序地、慢慢地向四周延伸。新的一些城市，比如柏林，却是从一开始就能从健康合理的现代城市规划中受益。欧洲各个时代的大城市一般都有机地融入周围的环境之中，以至于我们会认为没有伦敦塔桥就没有泰晤士河，没有威尼斯就没有潟湖。当然，艺术作品也有助于营造这种人文与自然结合的理想的欧洲风光，以至于我们无法否认，现实中的那不勒斯湾看起来就像是一幅画。

欧洲的人文景观具有明显的“自然性”，这种“自然性”表现在对周围自然环境的敏锐而微妙的适应之中。欧洲是大洲中面积第二小的大陆，各种人类文明和自然环境高度交叠，造就了具有多个彼此相邻的、相互之间具有细微差异的景观的非常独特的欧洲。欧洲有北欧和地中海沿岸欧洲、东欧和西欧，它们的差异——无论是在实质上还是在形式上——就像罗马的斗兽场或万神殿一样显著。欧洲不同地区之间的差异从何而来？因为进步的灯塔曾经一度牢牢地扎根于地中海沿岸欧洲国家，后来巴黎的戴高乐广场成为欧洲的翁法洛斯（中心），令人垂涎的欧洲领导权在多个世纪以前迁移至阿尔卑斯山的北侧。

今天伦敦与莫斯科的景观基本上没有太大区别——成群的摩天大楼、密集的河道交通、与城市规模相当的郊区集群——然而克里姆林宫神话般的建筑讲述了一个在西方找不到的东欧，在那里继承自“古典主义”的罗盘式线条占据了上风。与世界的其他地区不同，欧洲的城市发展更多的是在地面上平铺，或朝地下延伸，而不是垂直向上发展，因此欧洲的摩天大楼很少，且大多集中（或分散）在莫斯科、巴黎、伦敦等城市。当然也会有像都灵或里昂这样的城市，城区里有很多高耸的、珍贵的历史建筑，比如1888年的折中主义建筑安托内利尖塔，花费整整300年时间在15世纪建成的哥特式建筑里昂圣若翰洗者主教座堂。除了这些历史建筑，这些城市里也会有两三座摩天大楼，但这些摩天大楼更像是一个城市的门面，而不是出于城市发展的必要而建设的。这一现象部分是由于这些城市历史悠久，一般不允许拆除历史街区为新的建筑腾出空间（有少数例外，例如罗马的帝国广场大道或巴黎的蓬皮杜中心），但是也有可能是城市发展规划做出的选择，比如圣彼得堡就倾向于将巴洛克晚期恢宏优雅的城市规划与空旷广袤的环境相融合。

在里斯本、日内瓦和布拉格，红色或灰色的石板瓦屋顶、绿色的青铜圆顶和不同年代、不同风格的城堡仍随处可见。老街区成了建筑博物馆，就像在巴塞罗那，最后一个也是最典型的哥特式大教堂——圣家堂从1882年至今仍旧在与它所在的城市一起成长。现在，自然与人文再一次经历奇妙的相似境遇。在工业化诞生的这片大陆上，去工业化进程在改变了欧洲的经济之后，也以一种人们没有预料到的方式改变了欧洲的风光。

如果不推倒一部分遗留在城市发展边缘地带的历史建筑，今天的欧洲城市很难重新发展以恢复往日的荣光。伦敦、鹿特丹等港口城市就是很典型的例子，它们拥有风景如画的破旧码头，这些码头现在正面临被重新开发或者被一系列现代设施所取代，以满足现代“生活质量”的需求，而这在50年前的欧洲城市中是绝不会发生的。直到20世纪80年代，很多欧洲城市开始变得不那么具有吸引力，要么是因为太过衰败（87座欧洲城市已经有连续2000多年的历史了），要么是因为太过密集的工业化。

20世纪初，欧洲很多城市污染严重，像利物浦这样的城市可以连续几天被笼罩在致命的大雾中，浓雾甚至阻断了火车交通。到了后工业时代，城市群的数量也没有减少，大大小小的城市连成片组成了庞大的城市群，比如居住着1200万人口的莱茵河－鲁尔区，或法国的里尔－鲁贝，或者拥有900万居民的荷兰最大城市群兰斯塔德。在这些城市群中，现代工厂的烟囱全力喷涌出所谓的“环保烟雾”，而城市之间的空旷地带则被“工业森林”填满，这些像森林一样的工业区在埃森、多特蒙德和波鸿旧城区的瓦砾堆上成长起来，变得越来越富有而顽强，这一切令人难以置信，但却是事实。

这些城市群的居民数量增长到了1.11亿，居民来自不同国家，他们甚至不知道在某种意义上算是同城人，因为他们生活在欧洲的“人口骨干”之中（被形象地称为“蓝香蕉”）。这支“蓝香蕉”在利物浦－布鲁塞尔－法兰克福－苏黎世－米兰轴线上延伸出弯曲的轮廓。这条轴线上人口如此密集，可以单独被视为一座巨型城市，只不过这座城市被一条河和一堵墙穿过，也就是英吉利海峡和阿尔卑斯山。由于早已没有了更多的延伸空间，今天的欧洲不得不创造新的概念来定义自己。欧洲为自己配备了超现代的基础设施，以使整体交通保持通畅，并在这方面取得了大大小小的成就。欧洲的桥梁和道路系统有其辉煌的历史。在法国南部加尔省，已有2000年历史的三层罗马桥在先进性和壮观程度上并不亚于2004年在东部120千米处落成的米约高架桥。现代意义上的第一条高速公路可能是意大利的湖区高速公路，这是当之无愧的罗马帝国道路系统的继承者。铁路虽然诞生于欧洲，但在欧洲，人们广泛讨论的高速铁路交通并没有像它最初承诺的那样成为现实。实际上，在欧洲大陆一半以上的地区，所谓的高速交通的发展日趋缓慢。这一问题的缘由至少部分在于不同欧洲地区之间的自然差异，这些差异将不同地区的欧洲人分开。

作为一片好战且拥挤的大陆，欧洲有众多的思想家，从亚里士多德到克劳塞维茨，都在努力阐释战争的积极意义。这可能就是为什么除了亚洲的一些特殊地区，欧洲是世界上最具明显冲突迹象的地区。在不到 100 年前，柏林的国会大厦、不来梅市和蒙特卡西诺修道院就沦为骇人听闻的废墟地带；100 多年前，索姆河的农村到处都是泥土和弹坑（其中许多弹坑和战壕的痕迹至今仍然清晰可见）；后来，美丽的蓝色多瑙河畔的贝尔格莱德遭到轰炸，在此之前不久，位于东西方文化交融处的萨拉热窝沦陷为一片废墟。如果战争是合理的，正如亚里士多德和克劳塞维茨所认为的那样，那么其他因为人为疏忽而造成的破坏就显得不那么合理了。1963 年意大利瓦伊昂大坝的灾难和 1986 年乌克兰切尔诺贝利核电站的爆炸都是可以与战争的破坏相提并论的人为灾难，是“人为错误”的结果，对人类和环境都造成了难以磨灭的影响。

今天，离核反应堆最近的普里皮亚季镇仍然无人居住，仅凭这一点，人们就能意识到那次爆炸所造成的危害，在爆炸发生之前，这座城镇有 5 万居民。同样，瓦伊昂大坝山体滑坡时掩埋了隆加罗内镇当时全镇 4600 名居民中的一半。

欧洲有着众多火山带，火山数量众多，其中包括沉睡的火山，比如法国圆润青翠的多姆山链，俄罗斯沉睡的巨人厄尔布鲁士火山，也有更加活跃的斯特隆博利和埃特纳火山，当然还有“欧洲最危险的火山”意大利的维苏威火山。

在欧洲大陆的东南部，大自然从未失去其对地下世界的掌控。地貌随时可能因火山的喷发而发生改变，比如在一个温暖的初秋早晨，就像公元 79 年和 1997 年那样，庞贝和老普林尼赞美过的坎帕尼亚部分地区被埋没在一片黑色的灰烬之下，历史悠久的阿西西被一场令人悲痛的地震击中，乔托和契马布埃（欧洲文艺复兴时期的两位画家，在阿西西创作了许多壁画——编者注）的壁画变成了废墟。冰岛虽然是欧洲国家，但它的火山活动和地貌变化在世界范围内无出其右。冰岛本身因板块活动而形成，像卡特拉和格里姆这样有着童话般名字的火山会在冰原下爆发，岩浆的喷发伴随着汹涌的洪水，每秒倾泻而出的水量可与亚马孙河的流量相媲美。

欧洲就是这样。从地貌来看，欧洲很容易被简化为众多的国家公园和自然保护区，还有多尼亚纳河口、卡马格和多瑙河三角洲的芦苇海，以及比利牛斯山、阿尔卑斯山、喀尔巴阡山脉。但是当夜晚灯光亮起时，这种感觉就会逐渐消失。又或者在白天或夜间，当人们穿越阿尔卑斯山的山脊，视线豁然开朗，目之所及是一片从勃艮第延伸到巴伐利亚的平原，眼前的平原被细密的白雾所笼罩，其间点缀着城镇、道路和桥梁，此时人们再也不会那么简单地去归纳欧洲的自然地貌了。

和其他地方的冰川一样，欧洲的冰川也在不断萎缩，而且比亚洲或南美洲的冰川小，但是即使是阿尔卑斯山最大的冰川——瑞士的阿莱奇冰川，原本长度为 23 千米，目前已经缩短了 3.5 千米。不难想象，当这些冰川消失时会是什么样的情景，而这一切或许将发生在 21 世纪末。

好在至少在旅游业方面，目前的情况还充满希望。著名的阿尔卑斯山滑雪胜地，比如霞慕尼和科尔蒂纳，拒绝向全球变暖屈服，人类正在装备昂贵的设备来拯救雪山。估计以后会有越来越多的游客到这些冰雪胜地，因为现在流行抓紧时机欣赏那些即将消失的美景，人们都想在全球变暖导致冰雪消融殆尽之前在这些地方留下珍贵的影像。在与自然的这种不平衡的较量之中，人类也经常试图用某些方式获得补偿。如果说欧洲智人侵占大地只是为自己寻找生存的空间，那么在某些时候人类也在原本没有土地的地方创造出新的居住空间。比如荷兰的圩田，是通过长达几个世纪的人工排水从海上“偷”来的土地，这种方式给荷兰创造了一半的领土。这些圩田在须德海的拦海大坝的庇护下，变成了一片繁荣的田野，上面遍布城镇和村庄，而这在欧洲十分常见。

在很早以前，芬兰赫尔辛基市中心的所在地也是一片海，跟威尼斯相似，这也让它在众多所谓“北方威尼斯”中成为最相似的一个：一处“从海水中抢救出来”的地方，类似的城市还有不少，比如爱尔兰的都柏林、西班牙的巴塞罗那塔海滩、白俄罗斯的布雷斯特和大约一半的摩纳哥公国。

很难想象完成这些改造工程需要多少努力和投资，事实上，这些工程比其他人类作品更能代表人类与欧洲之间的共生关系：类似于雕塑家与石头的关系。欧洲杰出的雕塑家米开朗琪罗曾经说过：“我在大理石中看见了天使，于是我不停地雕刻，直到将其从石头中解放”。这些戏剧性的、优美的人文主义诗句也蕴含着作者隐约的傲慢，米开朗琪罗表达了一种欧洲非常有代表性的情感：对自己理想的极致追求，不惜一切代价实现理想，追寻美与和谐。

很多人类改造自然的例子也同时颇具讽刺意味，由于某些人的傲慢，一些欧洲的森林岛屿长期被圈在皇家、王室或者公爵们的私人狩猎区里，就像宙斯的欧罗巴一样。然而与欧罗巴不同的是，这些被掠夺成私产的森林后来被改造成公园，得到人们的精心养护，得以完好保存至今。这些历史碎片虽然细小，但非常重要。塑造未来欧洲的新民族和新文化从这些展现昔日欧洲的历史碎片中获得能量。

欧洲

巴黎
法国

74 和 74–75

从下面这张航拍照片中可以看到 1878 年的特罗卡德罗宫。这张照片拍摄的是世界上最著名的城市景观之一，照片中的伊埃纳桥通向当时新建成的埃菲尔铁塔和战神广场，在照片的背景中还可以看到战神广场上壮观的机器画廊，这个画廊是为 1889 年世界博览会建造的，其主体结构主要由玻璃和金属建造而成。

左上角的照片是 100 多年后被完全清空的战神广场，广场通向蒙帕纳斯和沉重的摩天大楼。除了埃菲尔铁塔，这张照片里最具历史意义的景点是位于战神广场尽头的 18 世纪的军事学校，年轻的拿破仑曾在 1784—1785 年在这里接受训练，而军事学校的左边是荣军院的镀金圆顶，1840 年法国皇帝在这里下葬：这些古迹本身十分重要且宏伟，但同时它们也在浩瀚的历史长河中变成了碎小的细节。

巴黎

法国

76-77

照片中，完美对称的法式花园以及 1808 年落成的经典拿破仑式卡鲁索凯旋门将我们的视线聚焦于现代卢浮宫。这座宫殿是几何、对称和比例的极致表达。从 12 世纪至今，卢浮宫一直不断增建各个时代的建筑，从照片中可以看到背景中的 16 世纪老卢浮宫，以及前景中的 19 世纪新卢浮宫。所有这些历史变化最终汇聚于两处 20 世纪的新建建筑：1989 年落成的金字塔和 1993 年指向地下的倒金字塔。

77

这幅完美的垂直鸟瞰图，被称为“正射影像”，常用于军事拍摄。照片拍摄于 1917 年，当时正处于第一次世界大战最激烈的时期。卢浮宫——和几乎整个巴黎一样，虽然看上去像荒废了一般，但是除了空袭造成的一些破坏，其他都得以完好地保存了下来。在第一次世界大战爆发初期，法国首都巴黎的人口就急剧减少。当时由于担心德国军队的围攻，民众大多早已被疏散，同时成千上万的巴黎适龄民众也拿起武器冲到了前线。

欧洲

78

照片中，阳光照耀在一个现代“城邦国”上，这里是摩纳哥公国（简称摩纳哥），类似的国家还有新加坡和梵蒂冈。13 世纪，摩纳哥被热那亚武力攻占，成为殖民地；15 世纪，热那亚的格里马尔迪家族买下了摩洛哥，在那之后，这个家族的统治一直持续至今。照片前方明显的梯形建筑就是摩纳哥巨岩上的王子宫，它是这座城市最重要的核心，而它上方的新巴洛克式建筑则是著名的海洋博物馆的总部，雅克・伊夫・库斯托曾多年担任这座海洋博物馆的馆长一职。这座城市的居民不到 4 万人，自 1869 年以来摩纳哥的王子们下令免征居民的个人所得税，所以这里的人均收入令人印象十分深刻。

78–79

1895 年，当时的摩纳哥巨岩上还没有建起海洋博物馆，巨岩下方也没有众多旅游港口。海洋博物馆 1910 年才开放。尽管照片中的摩纳哥有着昔日海滨城市田园诗般的风光，但当年的这座城市却常年处于法国、撒丁王国和格里马尔迪家族王子们的争夺之中。1858 年，查尔斯三世亲王建立的赌场在后来成为奠定摩纳哥地位和盛名的王牌。1910 年，在摩纳哥公国甚至发生了摩纳哥革命，随后摩纳哥颁布了宪法，但随着第一次世界大战的爆发，摩纳哥的宪法实施被迫暂停。

伦敦（英格兰）

英国

80

1909 年的伦敦是当时世界上最大的城市（1925 年被纽约超越），有大约 700 万居民。泰晤士河的一侧是三大标志性建筑：议会大厦、大本钟和威斯敏斯特大教堂，河的另一侧是兰贝斯区，直到 100 年前，这里还是一片沼泽地。照片中还可以看到河岸边圣托马斯医院整齐的建筑群，滑铁卢车站坐落在威斯敏斯特桥路的拐弯处的左侧，右侧的新哥特式塔楼是慈善机构基督教堂，于 1876 年开放，用以纪念美国总统亚伯拉罕・林肯。

81

21 世纪的伦敦仍处于发展变化之中，但是其变化发展的模式相较于一些亚洲和非洲的大城市而言明显更加可控。在这张从西北方向拍摄的照片中我们可以看到英国财政部的圆形庭院，这座建筑的灵感来自建筑师伊尼戈·琼斯的一个设计项目（1909 年时该项目只完成了一半），此外还可以看到 1999 年 12 月 31 日开放的“伦敦眼”摩天轮。然而，最大的变化发生在城市的东部，在河流的左侧我们可以看到伦敦的摩天大楼，而对面是碎片大厦（310 米）的尖顶金字塔，这座大厦是目前伦敦最高的建筑。

爱丁堡（苏格兰）

英国

82和83

在青铜时代，照片前景中城堡岩的坚硬火山岩以及背景中的亚瑟王座山为后来的第一批爱丁堡人提供了完美的居住地。火山岩上的城堡建于12世纪，后来见证了苏格兰女王玛丽·斯图尔特的戏剧人生。阿尔弗雷德·布克汉姆（1879—1956年）拍摄的这张黑白照片具有恰如其分的戏剧张力，他是第一次世界大战期间的一名空中摄影师（照片上还可以看到一架双翼飞机，让人联想起那个战争时期）。阿尔弗雷德·巴克汉姆十分勇敢，在空中拍摄照片时，他甚至会将自己的一条腿绑在座位上后站起来拍摄。

阿姆斯特丹

荷兰

84

阿姆斯特丹市中心的建筑层层环绕，环绕着其独特的城市核心，即四条同心半环的运河。这一带低地上的水可能早在公元 10 世纪就已经被排干，而这些运河则开凿了 17 世纪初。这个巧妙的运河系统让阿姆斯特丹这座城市可以不断增长，容纳更多的人口，同时这些运河还能用于防御和商贸。事实上，荷兰首都阿姆斯特丹的繁荣正是得益于广义上的水上贸易，17 世纪和 18 世纪期间与东印度和西印度的贸易带来了巨大的经济繁荣，见证了荷兰海上贸易的巅峰时刻。

85

阿姆斯特丹风光独特，一排排整齐的外墙，每一处都体现了荷兰传统建筑的无限变化。照片中左边的航运大楼虽然不是传统的建筑，但从外墙的红砖和白色的“人”字形屋顶能看出其独一无二的荷兰特色。这座大楼建成于 1928 年，是阿姆斯特丹建筑学派动态和活泼风格的第一个完整实例。这座大楼最初是荷兰重要的航运公司的总部，但现在成了一家豪华酒店。

布鲁日

比利时

86

布尔格是布鲁日的中心广场，从地形上我们也能看出这一点，布尔格就是照片中的长圆形区域，这里曾经被城市的老城墙包围着。作为西佛兰德省的首府，布鲁日的繁荣始于 12 世纪，这要归功于当时发达的海上贸易，安特卫普和阿姆斯特丹的繁荣也是如此。然而，布鲁日的发展走的是不同的道路，因为 16 世纪，连接布鲁日和海洋的运河出现淤塞，导致布鲁日无法再与其他强大的城市相互竞争。然而，得益于其建筑、艺术和文化遗产——包括著名的蕾丝制造，布鲁日在过去 200 年里成为一个重要的旅游胜地。

87

1910年，布鲁日正处于复兴之中，同时也得益于1907年泽布吕赫港的建成，当时有越来越多的外国游客不断涌入。后来泽布吕赫港成为一个颇受欢迎的海滨度假胜地，并通过布德维金运河与布鲁日直接相连。4年后，由于德国的侵占，布鲁日见证了比利时历史上最黑暗的时期。自此，第一次世界大战正式爆发。但从长远来看，这也意味着这座城市的建筑遗产得到了拯救，因为在整个战争期间它们得以免受轰炸和战争的破坏（相较于其他被战火摧毁的城市而言，布鲁日在第二次世界大战中再次幸免于难）。

柏林

德国

88

在柏林的中心区米特，施普雷河蜿蜒的河道从柏林国会大厦旁流淌而过，1894 年国会大厦成为德国联邦议会的所在地，距离大厦建设项目开工已经过去了 20 多年。之所以花费这么长的时间，是由于当时一些行政管理方面的问题和分歧，如此漫长的酝酿也反映了这座建筑复杂的历史。这座大厦的墙壁见证了历史上许多戏剧性事件，1945 年整座大厦被毁于战火。当时国会大厦的象征性令其成为战争中的攻击目标，吸引了大部分的苏联炸弹轰炸。尽管整栋建筑因其混杂的风格而备受批评，但是国会大厦的威严仍旧不可否认。大胆的玻璃和钢铁圆顶受到了人们的赞誉，因为这反映了当时最创新的工程潮流，巴黎的埃菲尔铁塔也是同时期类似风格的建筑。

89

在这幅“新”国会大厦的照片中，晨光下的砂岩呈现温暖的色彩。之所以加上引号称之为“新”国会大厦，是因为这栋建筑实际上是旧的，20 世纪 90 年代，修复工程将建筑内部完全清空，只保留了原本的外壳，仿佛象征着德国统一后的重生。照片的焦点仍然是大厦的穹顶：这是一个先锋派的工程，灵感来自非常前卫的理念，比如议会工作的透明度和可持续性（穹顶巨大的玻璃罩可以使建筑内部享受自然光，同时也有助于保温）。人们可以通过一个壮观的螺旋形楼梯直达顶部参观穹顶，在穹顶之上可以 360 度俯瞰柏林。

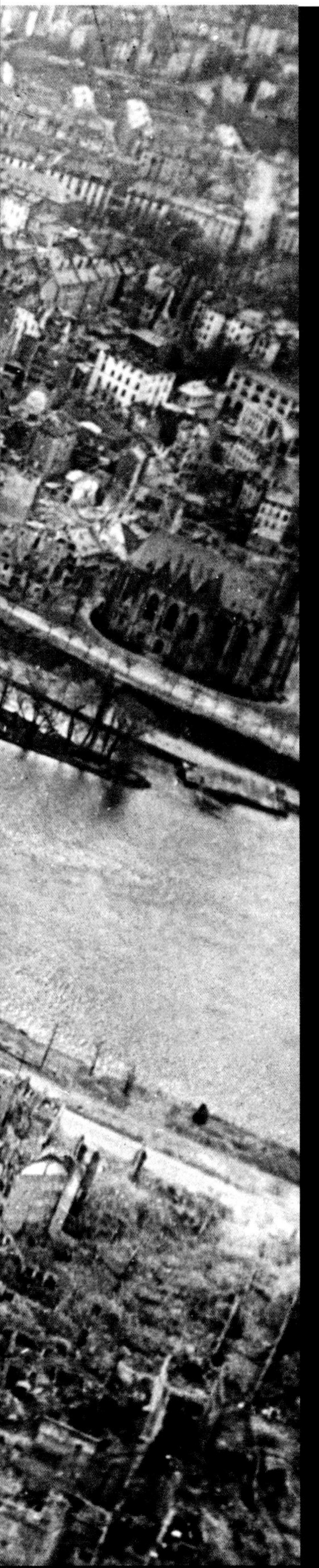

美因河畔法兰克福

德国

90-91

1945 年 5 月，美因河畔法兰克福的历史中心在盟军一年多的日夜轰炸后变成了一片废墟。“新老桥”，在多次推迟之后终于在 1926 年开放，然而不久便在 1945 年 3 月的地面战中被德国军队炸断。1550 年建成的哥特式大教堂——法兰克福大教堂，比民用建筑保存得更好。同样的情况发生在许多其他被炸毁的德国城市，这是因为石头建筑的强度较高，而且教堂内部易燃物相对较少。

91

自 2014 年以来，欧洲中央银行总部 185 米高的大厦一直伫立在美因河畔，代表着这座城市的新面孔，同时也彰显着法兰克福在德国经济中的重要地位，因为这座城市在历史上大部分时间都是“自由”的（即不受封建领主的意志所支配）。法兰克福过去和现在的威望都毋庸置疑，因此 1949 年它没有被选作联邦德国的临时首都，因为人们担心，如果民主德国和联邦德国再次统一，法兰克福完全有可能取代柏林的首都地位。

布拉格

捷克

92

几个世纪以来，这条 500 米长的查理大桥一直是伏尔塔瓦河两岸唯一的固定通道，浓缩着历史和民众的记忆。神圣罗马帝国皇帝查理四世于 1357 年开始建造这座大桥，查理大桥由此得名。在这张 1937 年的照片中我们可以看到一些圣人雕像。17—18 世纪，这些雕像被安置在查理大桥上，总共有 30 座，是当时一群最杰出的波西米亚雕塑家的作品，这些雕塑把查理大桥变成了真正的神圣艺术走廊。特别值得一提的是右边的第二座雕像“耶稣受难”，是查理大桥 1629 年装饰的第一座雕像。

93

圣维特主教堂，始建于 14 世纪，建成于 20 世纪。这座教堂主宰着布拉格城堡和查理大桥这一片建筑群。现在这一片区域是步行区，越来越多的观光游客来到这里参观布拉格的两个老城区：布拉格小城和布拉格老城。大桥上的雕像现在已经换成了复制品。在照片的左边，我们仍然可以看到一些木制屏障，用于抵御伏尔塔瓦河的洪水，保护桥拱。历史上，查理大桥多次遭受洪水袭击，桥体受损，最近的一次是 2002 年。

伯尔尼

瑞士

94-95

伯尔尼的老城区位于由阿勒河围成的一个狭窄环形地带。阿勒河发源于伯尔尼阿尔卑斯山，在到达北部的平原后，河水流速减慢。伯尔尼大教堂始建于15世纪，最初是作为一座天主教堂，之后经历了16世纪的宗教改革，最终于19世纪完工，是老城区最引人注目的建筑，而且瑞士本身就是宗教改革的大本营之一。左下方是伯尔尼历史博物馆的花园和尖顶，设计灵感来源于中世纪晚期的建筑，同时也体现了19世纪末的建筑风格。爱因斯坦博物馆也坐落在这片建筑群之中，为了纪念这位在伯尔尼提出了物理学革命性方程式的天才，伯尔尼开设了这座博物馆。

95

欧洲众多城市的历史建筑都像是凝固在时间之中一样，作为历史遗迹受到保护，或者只是稍做改动，这是欧洲各个时代都广为流传并且备受称赞的一个历史传统。瑞士更是因其对自然和其他资源的保护而闻名于世，因此作为瑞士联邦的一个重要城市，伯尔尼的历史建筑保存完好。尽管瑞士在经历了长时间的动乱之后才真正实现和平，但是因为这个国家长期在各大纷争中保持中立，因此在经历了文艺复兴时期灾难般的宗教战争之后，瑞士的历史遗迹都得以很好地保存下来。1528年之后，伯尔尼的天主教徒就没有了教堂，直到19世纪末，随着圣彼得和保罗教堂的建成，天主教徒们才拥有了一座新的教堂。在照片中这座教堂位于改革派主教堂的上方。

阿莱奇冰川

瑞士

96-97

现在，阿莱奇冰川是联合国教科文组织世界遗产保护的重点关注区域，此处的冰川与周围的山谷一起受到保护，以防止环境恶化。尽管现代旅游业采取了更负责任的措施，并严格限制在该地区开发新的旅游资源和基础设施，但是冰川边缘的冰舌还是逐渐消融后退，这让人们意识到西欧最大冰川也岌岌可危。然而，阿莱奇冰川的退缩速度比阿尔卑斯山其他的冰川慢，这是因为它本身质量很大。此外，这也不是阿莱奇冰川历史上第一次退缩，在公元前 11000 年之前，它就曾明显变薄并缩短过。

98-99

在这张拍摄于 1955 年的照片中，左侧少女峰和右侧莫希峰（又称僧侣峰）的尖锐山峰占据了主体画面，此外，从照片中还可以看到阿莱奇冰川的支流交会于康科迪亚。周围的山峰是伯尔尼阿尔卑斯山的最高峰，归功于瑞士与意大利之间发达的交通网络，周围的地区都可以很方便地直达冰川地带。照片中的黑与白让人回想起第二次世界大战后高山旅游发展的全盛时期，当时，冷战吸引了人们的注意力，还无人提及全球变暖。看着这些山峰，游客们梦想着能够征服像乔戈里峰一样的高峰，在这张照片拍摄的前一年人类征服了陡峭的乔戈里峰。

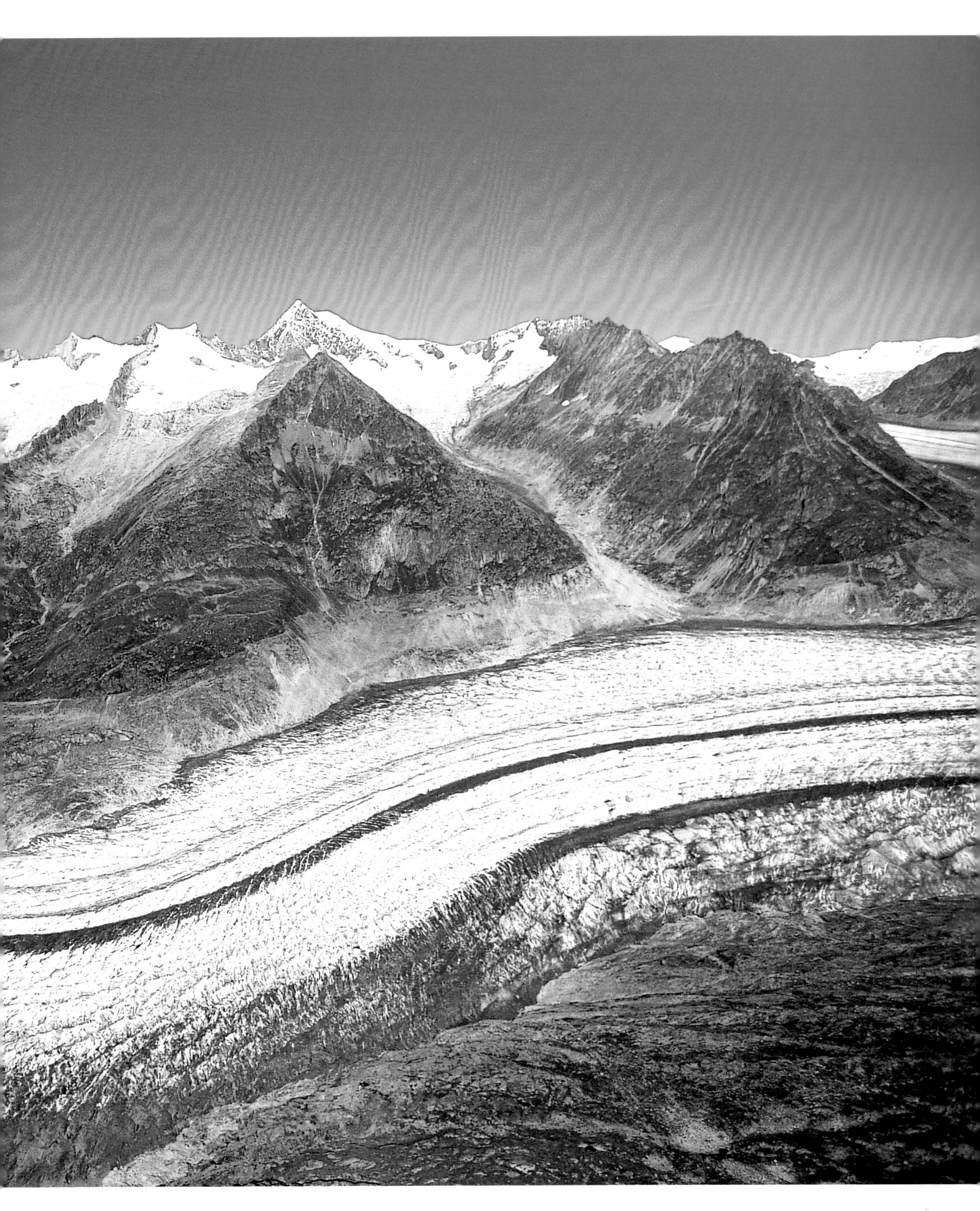

斯芬克斯天文台

瑞士

100

少女峰（“处女峰”）的两侧是它的“女仆”们，左边的是罗塔峰（高 3972 米），右边是它的姊妹峰文根 - 少女峰（高 4095 米）。从这张照片的纵深视角，我们可以从高处看到图恩湖的东端以及绵延在视野尽头的孚日山脉，由此也可以真切地感受一下少女峰 4158 米的高度，这里的偏远孤独显而易见。照片中央的山坳处藏着少女峰的地下火车站，这条火车线路开通于 1912 年，少女峰山坳站是这条独特铁路的起始站。这条火车线路在隧道中爬升了 7 千米多，穿过了欧洲风景最优美的一些山峰，其中就包括举世闻名但又令人恐惧的艾格峰的北面。

101

这张照片的视角比前一张稍稍偏北一点，两张照片的风光似乎没有什么变化，但是这张照片中出现了一个科幻小说中常见的建筑——斯芬克斯天文台，这是一个 1937 年建成的科学站，位于一座垂直的岩石山峰的顶部。在岩石中开凿的坡道和电梯沟通着这座天文台与少女峰火车站。斯芬克斯天文台既是一个著名的多学科科学实验站（包括气象学、冰川学、天文学、医学），同时又是一个旅游景点，因为其险远的位置，人们从天文台上可以观赏到无可比拟的景色。天文台上方的圆顶中是一架望远镜，这也是欧洲最高的天文观测站。

米兰
意大利

102

公元313年，君士坦丁皇帝在米兰颁布了著名的诏令，宣布罗马帝国境内具有信仰基督教的自由。从长远来看，这一具有特殊意义的历史事件所造成的结果之一就是，米兰这座城市在几个世纪后拥有了世界上最大的哥特式大教堂，即著名的米兰大教堂。许多代设计师、建筑师、匠人和工人参与了这座教堂的建设。1910年，这座城市处于“乔利蒂时代”，这一时代得名于乔瓦尼·乔利蒂，他是意大利历史上左派的支持者和工业政策的推动者，他使米兰的经济地位保持至今。

103

圣母玛利亚镀金雕像位于高达108米的教堂尖顶之上，备受民众的敬仰。这座镀金雕像浓缩并传播着米兰光明且雄心勃勃的精神。1774年，这座雕像被放置在米兰大教堂的最高点，雕像高4.2米，重700多千克，在阳光下光辉夺目。大教堂广场和其最高处的圣母玛利亚是这座城市的中心，整个城市的发展都围绕着这一核心展开。由于地处重要的战略位置，米兰也成为北方制衡罗马的一处重要力量。在长达一个多世纪的时间里（公元3—5世纪），米兰甚至在实际上取代了罗马，成为西方世界的首都。

威尼斯

意大利

104

从空中俯瞰，里亚尔托桥完全呈现了建筑师安东尼·达蓬特设计结构的独创性。桥身由三排楼梯组成，楼梯中间由拱形长廊分隔，这些长廊现在都变成了店铺。桥左边的巨大白色建筑是 16 世纪重建的“方达科”（原意为仓库），德国商人将货物运抵威尼斯后，在里亚尔托桥的五个桥拱处卸货，然后储藏在仓库之中。这座建筑在 16 世纪初被大火烧毁，后得以重建。虽然与威尼斯其他的宫殿相比显得没有那么华丽，但最初这座建筑的外部装饰有乔尔乔内和提香（意大利文艺复兴时期威尼斯画派的代表人物之二——编者注）的壁画。这些壁画现在部分被保存在大运河边的黄金宫内。

105

成群的贡多拉（威尼斯独有的尖舟——编者注）和观赛的民众将大运河塞得满满当当，这是威尼斯赛船节的景象，这一传统节日源自 9 世纪开始在威尼斯举行的赛船。这张照片拍摄于 1895 年，当时威尼斯赛船已经被规范管理了大约 50 年。镜头的焦点是里亚尔托桥，此时的桥体是 16 世纪末由砖石重新建造而成的，砖石结构取代了已经倒塌了两次的木质结构。当时包括雅各布・圣索维诺和安德里亚・帕拉迪奥在内的众多最杰出的建筑师都提交了设计方案，但最终的获胜者是安东尼・达蓬特（安东尼・达蓬特与安德里亚・帕拉迪奥一起设计了威尼斯救主堂）。

比萨

意大利

106 与 107 下图

午后的光线映衬着比萨大教堂广场的壮观和风采，加布里埃尔・邓南遮（意大利剧作家、诗人——编者注）曾经给这个广场取名为“奇迹广场”，确实是名副其实。广场上的建筑由于修建于不同的时期，因此呈现不同的风格，但是这些罗马式、拜占庭式和哥特式建筑完美地融合在奇迹广场，其中包括始建于 11 世纪的大教堂（在中心），更靠近前方的 12 世纪的洗礼堂，还有从 12 世纪至 14 世纪建造了近两个世纪的比萨斜塔。尽管人们可能不会这么认为，但是洗礼堂和斜塔实际上一样高。

107 上图

这张照片拍摄于 20 世纪 30 年代，画面呈现了整个大教堂广场，北面和西面的中世纪城墙围绕在广场的两边，长方形的比萨墓园因布法马科绘制的《死亡的胜利》湿壁画而闻名，墓园左侧是犹太公墓。当时，法西斯政权组织修建一系列市政工程，比萨在经历了长期的衰退之后终于迎来了转变。这些市政工程给比萨带来了活力，丰富了这座城市的建筑遗产，而现在比萨之所以成为旅游胜地，正是因为城市中的众多建筑遗迹。

罗马

意大利

108

下午的阳光雕刻出帝国广场很多古老的细节，在光线的映衬下，白色的提图斯凯旋门（大概建于公元90年）和卡斯托尔和波吕克斯神庙（公元6年落成）的三根柱子显得更加突出。这片区域被圣道从中间切开，圣道两侧的建筑分别是圣方济各大教堂及其高大的钟楼（建于12世纪），阴影中的是马克森提乌斯大教堂的拱门（4世纪）和圣洛伦佐教堂，再往前是安托尼努斯和法乌斯提那神庙的古老圆柱（建于2世纪）。广场后面处于阴影之中的街道是加富尔大街，是罗马这座永恒之城众多现代化城市建设的一部分，于19世纪末开放。

108-109

这张照片拍摄于 1937 年。在罗马帝国时代，照片中的区域覆盖了罗马 14 个区中的 4 个区，斗兽场位于第三区伊西斯及塞拉皮斯区。照片拍摄时，罗马正处于法西斯时期，帝国大道斜穿过帝国广场，大道的一头连接着著名的建于公元 80 年的圆形斗兽场，另一头延伸到 1885 年开始修建、1935 年完工的白色大理石建筑维托里亚诺纪念堂。斗兽场左边耸立着公元 315 年落成的君士坦丁凯旋门，穿过凯旋门通往另一条大道，这条大道 20 世纪 30 年代被称为凯旋大道，现在是圣额我略街。

欧洲

罗马

意大利

110-111

古罗马建立的许多城市都遵循严格的布局，城市街道一般垂直相交，这一特点是从罗马军营的垂直网格发展而来。其实很多城市的街道布局，其中也包括罗马，即使在今天也不是真正的垂直相交的。在这张从城市西侧拍摄的照片中，处于阴影中的弯曲道路是 19 世纪末开放的维托里奥·埃马努埃莱大街，通往清晰可见的白色建筑维托里亚诺纪念堂。在众多巴洛克式的穹顶中，有一处低矮宽大的穹顶，那是后来所有穹顶建筑的模板：万神殿，始建于公元前 27 年，其间经历多次修复，直到公元 2 世纪建成。

111

圣天使城堡不规整的建筑结构反映了这座建筑极其复杂的历史。这座城堡建于公元 2 世纪，是哈德良皇帝的陵墓，随着时间的推移，它逐渐演变成了军事要塞、贵族的堡垒、监狱、军营、博物馆，抵御了针对罗马的三次“围城”，直到 1527 年兰奇佣兵的围攻。在这张拍摄于 1920 年的照片中，可以看到外围的城墙仍然沿用了 16 世纪的五角形城墙布局，不过现在变成了绿树成荫的大道。此外照片中还可以看到一条细长的通道，这是一条建于 13 世纪的 800 米长的步道，教皇可以直接从梵蒂冈到城堡中避难。

112–113

照片中灰色的斯塔比亚纳路不是沥青铺就，而是庞贝人民用火山石铺设的，这样的道路让这座美丽的城市交通更加便利。大剧院和小剧院在庞贝的南侧，面朝维苏威火山。在公元 79 年初秋的一天，维苏威火山爆发，炽热的火山灰埋葬了整座城市。今天的庞贝是坎帕尼亚大区的一个热闹的小城，也是世界上最重要且最具考古潜力的考古遗址之一，尽管目前针对庞贝的考古挖掘工作还十分保守。

庞贝

意大利

113

截至 1904 年，庞贝古城的挖掘工作已经进行了近两个世纪。在此之前长达几个世纪的时间，人们一直在猜测它所在的位置，因为一次偶然的机遇，庞贝古城才得以重见天日。通过对遗迹的考察发现，在庞贝古城被埋葬后不久，一些幸存者曾返回该地来挖掘寻找财物，后来庞贝古城又被盗贼挖掘盗走很多珍贵的物品。尽管厚厚的火山灰像海水一样淹没了整座城市，但城市里最高的建筑遗迹依旧清晰可见，这使人们能更容易地识别庞贝古城的遗址，同时也造就了一片令人难以想象的荒芜景象。

114-115

埃特纳火山活动频繁，但（几乎）从未造成毁灭性灾难。与夏威夷火山一样，埃特纳火山也是复式火山，相对温和，山体宽且海拔高，气势磅礴。事实上，这座位于西西里的火山看起来比勃朗峰（阿尔卑斯山最高峰——编者注）更有气势，因为它整体海拔 3326 米，直接从海平面上升起。山顶的火山锥经常爆发，且不是埃特纳火山唯一活跃的火山锥，其他火山锥沿着山坡一直延伸到山脚人口密集的地区。

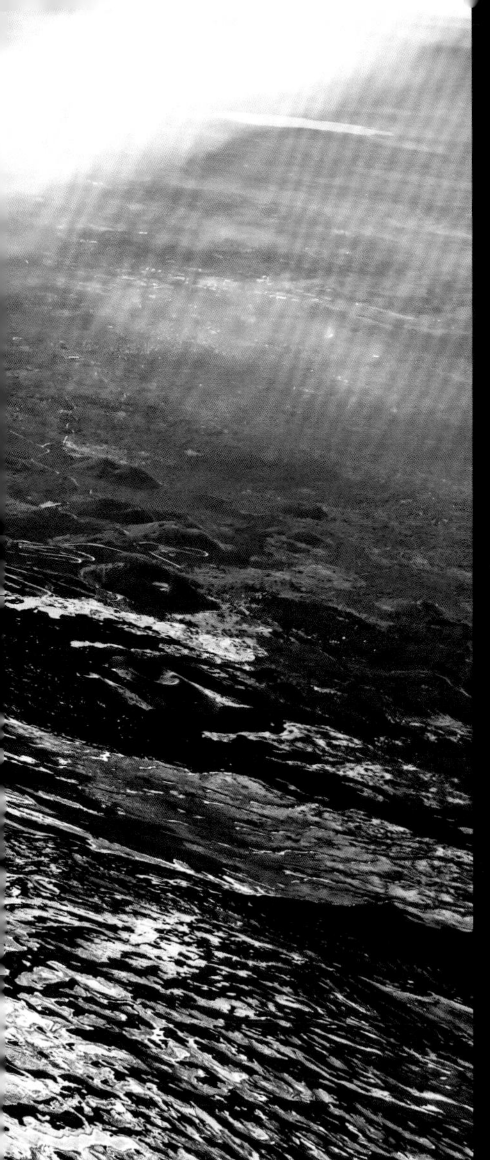

埃特纳火山

意大利

115

1928 年，华特 · 密特朗在进行跨地中海航行时拍摄了这张照片。照片中，埃特纳火山的山顶锥体看上去像童话故事中的场景一般，悬浮在天空和云层之间，完全被白雪覆盖。火山上的雪并不罕见，人们甚至会在雪坡上安装滑雪设施，但是当雪与岩浆接触时就会变得十分危险，会喷发出沸腾的蒸汽和岩浆，游客们在参观火山时曾多次遭遇严重事故。

雅典

希腊

116

25 个世纪以来，塞萨洛尼基湾一直作为背景，映衬着古典的雅典卫城。从照片中间的法莱罗港口到左边突出的埃伊纳岛，这片风光的每一处都浸润着历史，在古风时期这里就已经是一个海洋政权的所在地。对于柏拉图而言，现代的雅典可能太大了，他曾建议将政体保持在一定规模之内。在公元前 4 世纪，雅典还只是一座拥有 40 万居民的城市，现在，作为希腊首都，雅典拥有 300 多万居民，已经远远超过了古典时代的上限。

116-117

雅典的老城盘踞在卫城北部和东部的斜坡上，罗马时代的雅典城市中心就在这里，而古典时期雅典的市集在左下角处。到了 20 世纪中期，雅典的居民已经超过了 100 万，并且逐步走向现代化。右下方的大都会大教堂的圆顶是当时新建的建筑，可以追溯到 19 世纪末，但其拜占庭风格总让人想起雅典与新罗马君士坦丁堡 / 拜占庭之间的古老联系，后者的罗马文化很快被雅典继承的希腊文化所吸收。

巴塞罗那

西班牙

118

如果说世界上有一座现代教堂能够像中世纪哥特式大教堂那样激发人们的敬畏之情，那可能就是位于巴塞罗那的圣家堂。这座教堂的建筑工地几乎已经连续运作了近 150 年。这栋建筑十分复杂，其中极致的哥特式自然主义仿佛让整座教堂成为一个正在生长的有机体。这个关于生长的比喻突出了圣家堂相较于其他的古老大教堂的特点，同时也部分解释了整个建造工程的时间长度，不过人们普遍认为圣家堂将会在 2026 年完工。

119

圣家堂的施工阶段也可以对照巴塞罗那的发展历史。20 世纪 30 年代，在建筑师高迪去世后不久，大教堂只有西北侧完工了，当时整座城市正在经历内战（1936—1939 年）前最后几年的和平。在内战期间，巴塞罗那站在了民族主义势力的对立面，在此后的冲突中长期遭受镇压。然而，巴塞罗那并没有失去其经济和工业的重要地位，而是与圣家堂一起成长，教堂的建筑工作在 1940 年恢复。

直布罗陀

英国

120

直布罗陀位于欧亚大陆的西南端，也是伊比利亚半岛的末端。虽然直布罗陀在地质学上与伊比利亚半岛紧密相连，但在地缘政治上却被分开。板块之间的造山运动造就了阿尔卑斯山，同时也抬升了直布罗陀这块巨型石灰岩。自 1713 年以来，直布罗陀一直归属英国，有约 3 万名居民，主要来自英国、西班牙和意大利。直布罗陀既是一处军事基地、旅游胜地，同时又是船只进出地中海的加油站。

121

在 20 世纪 30 年代，直布罗陀看起来就像是英国的巨爪，随时准备扑向通往地中海的唯一天然海上通道。就像拿破仑战争时期一样，直布罗陀在第二次世界大战中对英国的胜利至关重要，当时这处要塞被改造成了一个名副其实的堡垒。大约在 4 万年前，直布罗陀就已经是尼安德特人的一个据点，当时面对来自东方智人的扩张，尼安德特人退居于此。

非洲

大地母亲

非洲有个叫伊费的地方。当地传说，很早以前神用泥土捏了很多小泥像，一天阳光烤干了这些小泥像，一瞬间，在这些泥像原本塞满泥土的脑袋里突然点亮了一簇火花——人性的火花。人类的起源（关于人类起源地的争论从未停止，主要有非洲起源和亚洲起源两种——编者注）应该就是在伊费，也就是今天的尼日利亚，就是在这里，一束光线照亮了动物蒙昧的阴影，新的物种诞生，由此开启占领世界的征程，而伊费这个名字的字面意思就是“扩张”。

约鲁巴人的创世神话和世界上其他民族并无不同。特殊之处在于，地理意义上，非洲人的起源神话最可能接近现代人“诞生”的地点，根据现在古人类学家“非洲起源说”，人类起源是在距今 20 万至 30 万年的非洲某处。

非洲的变迁不在于古代与现代的对比，而是体现在古人类到现代人的演变历史之中。至少对我们人类而言，非洲是“大地母亲”、万物之初。非洲和人类的起源与进化有着深刻的联系，一直为人类的历史变迁创造独特的条件，进步、变化、发展在非洲都有特别的含义。2005—2015 年，非洲经济增长速度是世界其他地区的两倍。

新的产业迅速发展，烟囱里喷着火焰的炼油厂取代了几内亚湾沿岸的红树林，为海上钻井平台提供服务；安哥拉罗安达的居民人数从 1950 年的不足 15 万增加到 800 万，刚果的金沙萨和尼日利亚的拉各斯跻身世界人口最多、物价最高的城市。崭新的摩天大楼令非洲熠熠生辉，然而夜晚从天空俯瞰，非洲展现出其“黑暗之心”，这片黑暗将北至乌拉尔的欧洲地区都囊括在内，发展中的非洲还没有全部被人类的灯光占领。撒哈拉至达纳基尔的 9 个沙漠、刚果雨林、安哥拉草原的面貌一直模糊不清，就像处在时间的黑夜里，就像在摩天大楼阴影下扩张的贫民窟。

非洲的秘密由最出色的“卫兵”守护。苏伊士运河 1869 年从平坦地峡中劈出，连接亚非两洲。运河以西，狮身人面像在吉萨高原上耸立，这是非洲强有力的象征；猛兽有着健壮的身躯，紧绷的尾巴透露它随时可能要跃出，引人注目，却又在很大程度上保持神秘。狮身人面像在 4500 年前又或许是更早之前凿成，它在那里睁大眼睛等待着拂晓，与此同时，世界历史的进程也在推进。

18 世纪，出生于凉爽的阿奎塔尼亚的孟德斯鸠相信“炎热的气候使文明保持不变”，在 21 世纪看来，这个观点如果不是基于偏见的话，那就是有点天真。在非洲的阳光下，变化之所以缓慢有其原因。在萨赫勒地区的努瓦克肖特（毛里塔尼亚首都）这类城市里，急促没有意义，它的地形和周边环绕的草原一样，低平、广阔、红润。肯尼亚平原也是如此，自古以来尼罗河沿岸牧民就在此建立由荆棘防护的村落；身材矮小的班布提人（曾被称为“俾格米人”）完全适应在雨林中生存，现今少见的盐商行旅仍沿着跨撒哈拉贸易路线行进。

上述地带与外界相对独立，起到了天然的封闭作用，即使人群来往密集的地方也能保持原貌。埃及亚历山大港是地中海沿岸最大的城市，在克娄巴特拉七世的时代就是如此。这座城市有 4 个港口、数座醒目的宫殿，然而没有一座高度超过 138 米，那是令人仰望的古亚历山大灯塔的高度，大灯塔是古代世界的最后一个奇迹，被毁于 14 世纪。兴建于公元前 3 世纪的亚历山大图书馆，是世界上最古老的图书馆之一，建成 600 年后，即公元 3 世纪被战火吞没，如今重建的亚历山大图书馆已成为现代建筑的杰作和公共文化场所的典范。吉萨金字塔群也是现今留存的古代建筑奇迹之一，从西面看，金字塔群几乎融入现代吉萨都市 900 万居民的住房群中；从东面看，金字塔群仍与法老的年代一样，孤身处于沙漠之中。新旧吉萨之间，相差 4500 年，相距短短几百米，很难说哪一个在规模上令人更印象深刻。

开罗在北方出现，法蒂玛王朝哈里发公元 10 世纪建起这座“胜利之城”。开罗没有长达几千年的历史，但也用了整整 1000 年成为非洲人口规模第三大的城市（950 万）。正是由于这漫长的发展时期，开罗有人口数排名第一（拉各斯，2100 万）和第二（金沙萨，1100 万）的城市都不具备的“老城”。老城里遍布古罗马遗迹、科普特教堂、清真寺（其中伊本·图伦清真寺可以追溯到查理曼大帝时期，奇迹般地完整保留下来）、12 世纪库尔德人萨拉丁建的城堡，集市与蜿蜒的道路交织，昔日的开罗仍用古城的特征对抗现代城市的千篇一律。

不知疲倦的非洲人奔走于摩洛哥、埃塞俄比亚、肯尼亚之间，他们能让城市以打破世界纪录的节奏发展。坦桑尼亚达累斯萨拉姆人口数在 40 年内增长了 6 倍，肯尼亚首都内罗毕每年新增人口 50 万，1960 年起至今马里首都巴马科的人口增加了 18 倍。

这些城市的增长率或许会令孟德斯鸠也感到惊讶，它们都是具有典型非洲特色的代表性城市。巴马科巨大的西非国家中央银行灵感来自通布图和杰内的泥土和稻草房；色彩丰富的摩天大楼为达累斯萨拉姆市中心增添了一丝非洲元素；内罗毕极具非洲色彩的彩陶塔形肯雅塔国际会议中心（1974 年）碾压了超现代建筑新顶峰的成就，新顶峰曾以 320 米高度创下非洲最高摩天大楼记录。

内罗毕像一朵花，一直耀眼地点缀着非洲现代文明。1899 年，内罗毕是一片帐篷营地，而今天的内罗毕是一个说英文、绿色、有序的非洲城市，长颈鹿和斑马在内罗毕国家公园里安静地吃草，目之所及是高楼大厦。内罗毕还有基贝拉这样的贫民窟（近期才被发现），规模比人们估计的小很多，是活的考古点。

大津巴布韦（位于津巴布韦国内，是主要景点之一，1986 年入选世界文化遗产——编者著）是一个已灭亡 500 年王国的都城，如果王国没有消亡，它会比现在还大。津巴布韦遗留的石建筑群，尤其是其中的围墙，有一种“野性”的庄严，人们将它比作非洲的特洛伊。罗德西亚政府直至 20 世纪 70 年代都禁止将这些建筑归于当地文化，他们宁愿认定这是中国文化，都不认为是非洲文化。

其他很多非洲城市也各有特色，令人称奇。非洲南部的大城市基本上历史较短，如约翰内斯堡、比勒陀利亚或哈拉雷，它们都是在 19 世纪末建成，建城之初是人型殖民地或是掘金人聚居地（经典致富手段是开采黄金和钻石）。这些城市发展迅速，殖民者采用现代城市规划理念，在城里修建宫殿，以缓解对欧洲的思念之情。1910 年，约翰内斯堡城内都是开发矿产刨出的土堆，只有几条修建了西式楼房的街道。如今，约翰内斯堡创下非洲南部摩天大楼数量的记录，还有世界最大的市镇索韦托。20 世纪前半期索韦托开始发展，那时城镇里钢板棚顶密集排布，而现在城里呈现了“富人区”和“贫民区”分化的趋势，区域重叠，就像中式嵌套盒子。

在非洲这个大熔炉里，这么多不同的主体不可避免地追逐、碰撞，人类基因多样性在此最大限度地混合重组。在科特迪瓦普通的城郊看到贝尼尼设计的柱廊是一种奇观，而这景象就位于该国首都亚穆苏克罗和平之后大殿。圣殿于 1990 年斥巨资仿罗马圣彼得大教堂建成，形似真正的圣彼得大教堂，不过圆顶宽度近乎是后者的两倍，高度也超出 20 米。在这里，相比基督堂，哈桑二世清真寺显得不那么突兀。宣礼塔完工于 1993 年，高 210 米，位于传说中的摩洛哥卡萨布兰卡（现称达尔贝达），它高耸于卡萨布兰卡拥挤无序的市区。这座清真寺看上去像 1000 年前穆瓦希德王朝的杰作，实际上是现代建筑技术的代表，融社会功能和宗教象征为一体。

精神信仰在非洲有非常强大的力量。根据人类学理论，非洲的精神力量可能直接孕育自土地，因大地神明突然显灵，人们开始持续数天的即兴舞蹈。非洲大地启发人们建造非凡的庙宇，其中多神教和一神教寺庙形态区别很大。例如，卡纳克和卢克索神庙修建得十分醒目，方尖碑、高塔、廊柱直指天空，埃塞俄比亚拉利贝拉的教堂则相反，后者于 13 世纪在坚硬的岩石中凿出，教堂位于地下，以防被强盗和敌对的宗教发现。

多神信仰和一神信仰之间，为传统宗教的发展留出了无限的空间，传统宗教在非洲常常具有宪法一般的地位，这意味着泛灵论、祖先崇拜、白魔法或黑魔法可以在非洲的天空下自由发展。风景和自然环境成为神殿，此间信仰恒久延续。奥 · 多利昂·伦盖伊火山是马赛人的奥林匹斯山，是他们唯一的神的居所，神明恩盖通过火山喷发显示情绪。伦盖伊火山是世界上唯一会喷出“冷”硅质熔岩的火山（熔岩热度仅有600℃），黑色的岩浆喷到空中很快就变成雪一样的白色。苏丹的博尔戈尔山呈“船”形，是一座神圣的“纯净之山”，它屹立在古纳巴塔地区，极具非洲风格，今天仍和山脚下存在了3000年的阿蒙神殿一起受人尊崇。马里神圣壮观的邦贾加拉悬崖长200千米，沿途散布的祭坛上有神秘图腾，体现了多贡人复杂难解的宇宙观。可以说，非洲不仅是人类的摇篮，也是人类宗教文明的摇篮。

非洲广袤的地平线可以轻易唤起人们关于永恒的思绪，在漫长的时间里，自然景观变化微小。非洲位于盘古大陆的心脏部位，长久以来横跨赤道两端，不同于别的大洲，它没有经历过冰河时期对山谷和山峰的挖空、磨蚀、推平。纳米布沙漠上高高的沙丘像山一样，沙丘一直存在，有些因为时间太久已经石化。同样，埃塞俄比亚起伏的山丘也保持着最初的样子，远古人或许会对这景观感到熟悉，因为他们曾在此地学习直立行走。撒哈拉曾是一片草原，经历了千年单一风力作用，沙丘被搬运，大块的灰色火山岩被侵蚀，草原成为荒漠，艾尔、阿哈加尔、提贝斯提等地区都经历了这样的过程。

如果没有人为干预，非洲的自然综合体不会有什么变化。如果不修建阿斯旺大坝（第一座大坝于1902年完工，著名的新坝从20世纪60年代开始修建），人们不会在黄色的努比亚沙漠里看到纳赛尔湖延伸500千米的深蓝湖水。如果人们不砍伐原始森林，可能乞力马扎罗山上著名的积雪不会融化。乞力马扎罗山顶的雪、雷布曼冰川、富特温格勒冰川，是坦桑尼亚国家公园每一张明信片的核心元素。

再往南，南非露天矿如帕拉博拉、大洞和亚格斯丰坦在荒芜粗犷的背景中自成一幅壮观景象，而这样的景象在200年以前还不存在，那时是前殖民时代末期，王国后经历了游牧、农业、战争时期后走向灭亡。几百米长的螺旋阶梯深入地下，人们用双手凿出一些石块，随后将其弃置于自然中，这场景本身就十分壮观。非洲缺少纪念过去痛苦经历的建筑，而这些在殖民地上挖出的深渊则是对这段经历的清晰隐喻，当它们被重新发现时发挥了附加价值。

非洲公路网络的发展可以很好地体现它的变化。公路工程尽可能地连通这个大洲，它既有大面积像撒哈拉和萨赫勒沙漠那样“空旷”的地区，又有大范围植被“密集”，如热带雨林的地带。如今沥青路面几乎从开罗铺到开普敦市，从达喀尔修到吉布提，从拉各斯延伸到蒙巴萨，路面上常有多条车道。赤道附近的路段是红色的，沙漠里的路段是黄色的，路边到处散落的古老骨架，提醒着人们非洲仍然宏大、野性。

如今，数十座现代化桥梁横跨于非洲的河水之上。例如，具有鲜明非洲风格的拉各斯莱基·伊科伊连接桥；风景壮丽的维多利亚瀑布大桥，它是最古老、修建时技术最有限的桥梁之一，它的历史超过百年，长度不及200米，桥梁位于同名瀑布前方，湍急而巨大的瀑布水流产生了水蒸气，水蒸气上升到水流跳跃高度4~8倍的高处，形成水珠，仿佛雨在倒着下。

非洲为无论是巨大或者是微小的变化提供了广阔的自然舞台。在纳米比亚和南非之间干旱的纳马夸兰沙漠，下雨时野花盛开，呈现黄红紫蓝等颜色。奥卡万戈河在博茨瓦纳境内缓慢形成沼泽，汇入一片芦苇海。苏丹无边无际的苏德沼泽随白尼罗河的涨潮扩张和退潮收缩，面积与英国的面积相当。沼泽无法穿行，因为植被覆盖的小岛在沼泽地里移动，人们很难绘制其地形，这里常有鳄鱼和河马出没，它们过去对寻找尼罗河源流的探险者是威胁，如今侵扰当地小村落的少数居民。沼泽里偶见孤独的棚屋，或冒出只有一棵树的小岛。坦桑尼亚沉寂的纳特龙湖高浓度的咸水随着季节和深度变换颜色，从牛血红变为橙色，任何活的生物到湖里都会变成木乃伊，除了极端微生物或火烈鸟，后者能完美适应纳特龙湖的自然环境，还在此生蛋。雷特巴湖更为柔美，微生物给湖水着色，随着微生物产生的胡萝卜素浓度改变，湖水从紫红色变成玫瑰色，有助于缓和塞内加尔海岸灼热的阳光。

非洲的变迁有一种强大的磁力，即它在变化中能够永远保持自己。史丹利（探险家、记者——编者注）在非洲环境恶劣的赤道地区的心脏部位进行了具有史诗意义的探索后，“挽救”了著名的利文斯通博士（英国传教士——编者注），利文斯通却选择留在非洲。如果现代生物学是对的，那么我们每个人的身体里都有一部分来自非洲，离开非洲就像离开母亲。

菲斯

摩洛哥

128

菲斯埃巴里老城区狭窄曲折的小道上没有汽车通行。埃巴里是菲斯的两个老城区之一。埃巴里老城区以前是皇城，是典型的马格里布特色聚居区，曾是穆斯林人在安达卢西亚和西西里建城时的参照模范。密集错综的建筑物间，很多著名宗教建筑群的塔楼和尖塔十分醒目。菲斯也是摩洛哥的宗教“首都”，城内有清真寺、宗教学校、高等教育场所（如卡鲁因大学），还有陵墓。照片中位于城市高处被照亮的遗迹是梅里尼德王朝墓葬，虽然小但可见，它的历史可以追溯到 13—15 世纪菲斯古城最辉煌的时期。

128-129

20 世纪 20—30 年代，瑞士航空先驱、摄影家、企业家华特·密特朗发表了多本航拍著作，书中记录了他的航空事业，例如 1926—1927 年首次实现从北至南飞越非洲。1931 年，在从撒哈拉到乍得湖的一次长距离飞行测验中，他乘坐一架瑞士航空公司的福克三引擎飞机飞越了菲斯埃巴里老城区（当时瑞士航空公司刚成立，密特朗是该公司技术总监）。照片正好从南面取景，在照片里我们可以看到穆莱伊德里斯二世陵墓金字塔型的顶端，穆莱伊德里斯二世被视为 9 世纪这座城市的奠基者。在陵墓右边，埃尔西夫清真寺的尖塔清晰可见，它于 19 世纪建成，是菲斯最高的尖塔之一。

撒哈拉沙漠

非洲北部

130 上图

飞越撒哈拉是20世纪20—30年代大众梦想和渴望飞行的线路之一，当时航拍不再专用于军事，已成为强大的通信手段。密特朗开创了航拍类书籍这一类别，并大获成功，他的著作是最早的航拍类畅销书。在他的记录中，非洲大部分地区仍是且看上去注定长期将是殖民地。随着第二次世界大战战后世界力量平衡改变，非洲大陆逐渐滋生一股能量，它将宣告过去几个世纪历史的终结，为非洲大陆的发展开辟新的阶段。

130 下图和 131

持续不断渗入埃及西部沙漠洼地的实际上是唯一改变其外观的自然力量，将较细的沙子与盆地底部的浅色方解石粒分开。撒哈拉的沙子和火星探测车展的某些火星景观没有区别。虽然火星上否存在生命依然存疑，但撒哈拉沙漠里生并不罕见，爬行动物、昆虫、啮齿动物在沙丘之间，在永不停息地运动。风力蚀和搬运使沙子覆盖草原，沙漠不断扩撒哈拉就是这样从7000年前开始形成。

132

在沙漠地区，人与自然的交融只在绿洲进行，二者互动的节奏很慢，且更多时候是遵循自然规律。人类会改变自然风景，但需要经历漫长的时间。这张照片拍摄于 1943 年，照片中是一处海枣树种植园，它的居民区和仓库外有一圈像堡垒一样的围墙。这种聚居区设计理念合理，在非洲北部类似布局的农村村落就算没有上千年历史，也已经存在了几个世纪，在埃及绿洲里和尼罗河沿岸都有这种乡村。

132-133

照片里比尔·西塔水井植被茂密，在它后面有一座村庄，它们位于偏远的法拉弗拉绿洲，绿洲由许多天然井和人工井组成，这些井从潜藏在埃及西部沙漠巨大洼地下的含水层中抽取水分。在这里，某种程度上时间是停滞的，只有现代农业和旅游业会带来一些明显的变化。绿洲居民主要是贝都因人，他们是在撒哈拉地区沙漠化之后仍居住在这里数千年的族群后代。

开罗

埃及

134–135

照片中，城堡后方是莫卡塔姆山高处的浅色石灰岩，修建金字塔和埃及庙宇的大多数石块都取自此处，它的颜色与“齐柏林伯爵”号飞艇的黑色阴影形成鲜明对比。照片拍摄时，飞艇正滑翔于穆罕默德·阿里清真寺和建于11世纪的巴布阿扎布大门之间，后者由两座高塔组成。这次飞行是“齐柏林伯爵”号飞艇全球闻名的多次飞行中的一次。教堂位于城市东南端，再向外是一片半沙漠地带。人们第一眼看到这张照片时不会想到，在照片拍摄时期开罗人口刚好超过100万，是埃及王国的首都，王国仅在名义上独立于英国统治。此外，这艘巨大飞艇的影子似乎预示着10年后埃及的黑暗时代，那时埃及将沦为英国和德国在第二次世界大战中对弈的一枚棋子。

135

照片中为穆罕穆德·阿里（1769—1849年）清真寺，穆罕穆德·阿里是一位有远见的帕夏（帕夏是敬语，是埃及前共和时期地位最高的官衔——编者注），他生于阿尔巴尼亚，在奥斯曼帝国的最后一百年统治埃及。清真寺位于城堡西南端，向着开罗旧城的方向延伸。穆罕穆德·阿里清真寺修建了多层圆形拱顶和高达82米的宣礼塔，塔身修长，相比开罗的建筑风格，清真寺看起来更像是伊斯坦布尔式建筑，实际上其建筑设计师正是来自伊斯坦布尔。下方照片左上部分是19世纪建成的瑞法伊清真寺，从它紧凑的圆顶和厚实的塔身可以辨认出，这是开罗古城最典型的马穆鲁克建筑。瑞法伊清真寺与右侧建于14世纪的苏丹哈桑清真寺相呼应，后者既是清真寺，也是宗教学校。

吉萨平原

埃及

136

这幅画面从东边拍摄，照片中的风景穿越了时间。一些低矮的建筑，发源于尼罗河的水道网络灌溉农田，远处的沙漠一直铺到大西洋，以上这些元素组成的景象，与公元前26世纪古埃及法老修建金字塔时的景观大致相同。照片中右边的胡夫金字塔被称为“大金字塔”，事实上它就是最大的金字塔，尽管左侧的卡夫拉金字塔由于基座更高，看起来顶部比胡夫金字塔更高。这些巨大的建筑物是国王去世后灵魂升天的地方，国王的灵魂从隐蔽的墓葬深处升往天空与神明汇合，只有与神明汇合灵魂才能回到其真正的寓所。在古埃及时，胡夫金字塔名为阿赫特胡夫（胡夫的地平线），卡夫拉金字塔名为维尔卡夫拉（卡夫拉是伟大的）。

137

在过去的 100 年里，开罗城郊已经扩张到吉萨平原的边缘，占据了原先是沙漠的地带，而胡夫金字塔、卡夫拉金字塔和孟卡拉金字塔却改变很小。令人惊奇的是，金字塔建成 4500 年以来，几乎没有发生任何改变，金字塔的建筑完整性在世界上是独一无二的。众所周知，金字塔是永恒的文化古迹，是古代世界七大建筑奇迹中唯一保存至今的遗迹，然而人们通常会忽略的是，金字塔还是人类最早建造的纪念工程之一，现今它依然静静地矗立在原处。金字塔的存在向世界展示着法老曾经的荣光，下图中的狮身人面像也是同理。曾几何时，这荣耀真切地属于埃及，绝非虚构。

卡纳克神庙

埃及

138

埃及人无疑在任何时代都是最出色的建造者之一。因为埃及民间建筑用的材料是木头和泥砖，所以没有一座古代埃及城市留下任何细微的痕迹，光荣的底比斯也不例外。埃及人期望纪念建筑能够留存“几百万年”，用石头修的遗迹如他们所愿保留至今。密特朗在20世纪30年代拍下这张卡纳克神庙的照片，那时它已经是旅游景点，神庙修复工作正在缓慢进行。奇怪的是，尽管古代希腊地理学家提供了精准的描述，人们还是忘记了神庙的确切位置，直到17—18世纪欧洲旅行者才发现此地。

138–139

今天卡纳克神庙是卢克索市北郊的考古遗址，可以看到照片下方著名的斯芬克斯大道在通往神庙的方向。照片里，圣湖在一众建筑群中最醒目。圣湖坐落于照片上方的阿蒙神庙和左侧的纪念列柱之间，纪念列柱建于埃及第十八王朝（公元前 16—18 世纪）。埃及神庙除了是宗教场所外，功能还类似现代工厂，内有办公室、车间和仓库，为众多人口提供工作。神庙的这个重要经济功能对很多任法老来说是个问题，他们不得不支持生产发展，但同时需要控制其发展的规模，以防自身失去权力，他们的担忧最终变成了现实。

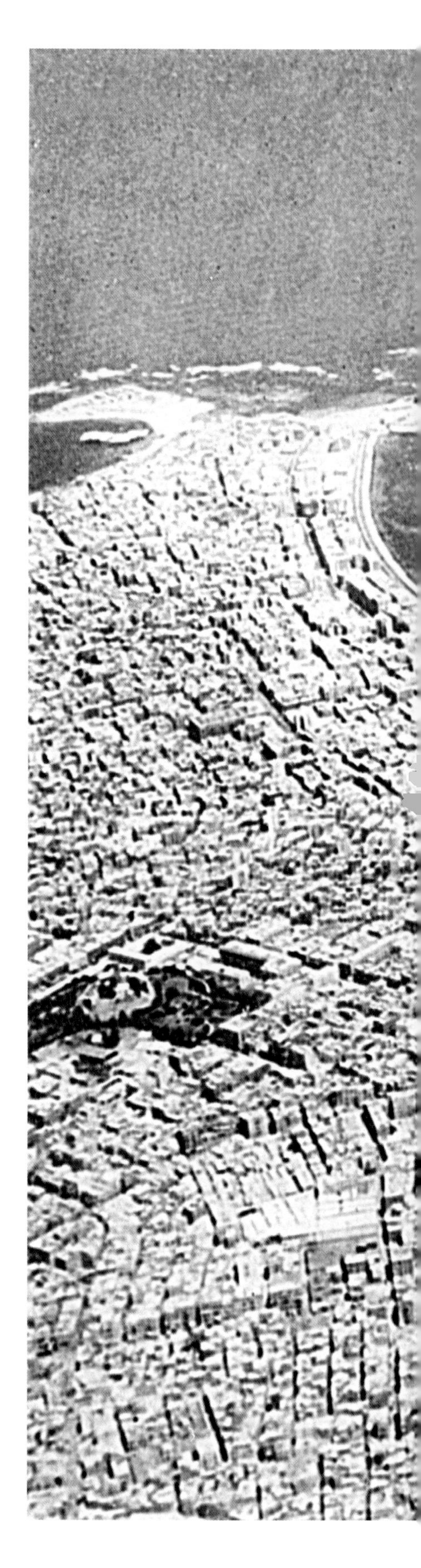

亚历山大城

埃及

140–141

亚历山大城由亚历山大大帝建于公元前 331 年。按照马其顿人的意图，建造这座城市是为了和雅典、罗马、君士坦丁堡这些伟大名城比肩。大照片里，1936 年霍克公司为英国皇家空军生产的水上飞机正从这座古老城市的大港口上方飞过，照片中的海港在之后因为填海造陆面积缩小。亚历山大灯塔建于公元前 3 世纪，高度超过 100 米。如今，盖贝依城堡位于灯塔原址，盖贝依城堡是马穆鲁克式城堡，建于 15 世纪（照片左侧上方和中间），它是这个区域内最古老的建筑，今天被数座多层楼房包围。照片中左下方的两座清真寺也是标准的马穆鲁克建筑，建于 20 世纪中期。

萨瓦金，红海

苏丹

142 和 142-143

海湾深深地伸入陆地，古老的苏丹萨瓦金城区就位于海湾尽头一个椭圆形的小岛上。萨瓦金从古罗马时代到 20 世纪前半期一度是重要港口，它的衰落令人诧异。20 世纪 30 年代萨瓦金港还是完整的一部分（左上方照片），当它面临和大港口苏丹港的竞争时，很快就衰落并成为一片废墟。萨瓦金的珍贵之处在于，城区内建筑风格各异，且使用的材料从各地取材，取材地从威尼斯、奥斯曼帝国到葡萄牙，其中就有珊瑚石（大照片），珊瑚石的化石是东非沿岸常用的一种建筑材料。萨瓦金曾成为废墟，而今天它正经历被修复并营造新建筑，萨瓦金逐渐恢复生机（左下）。

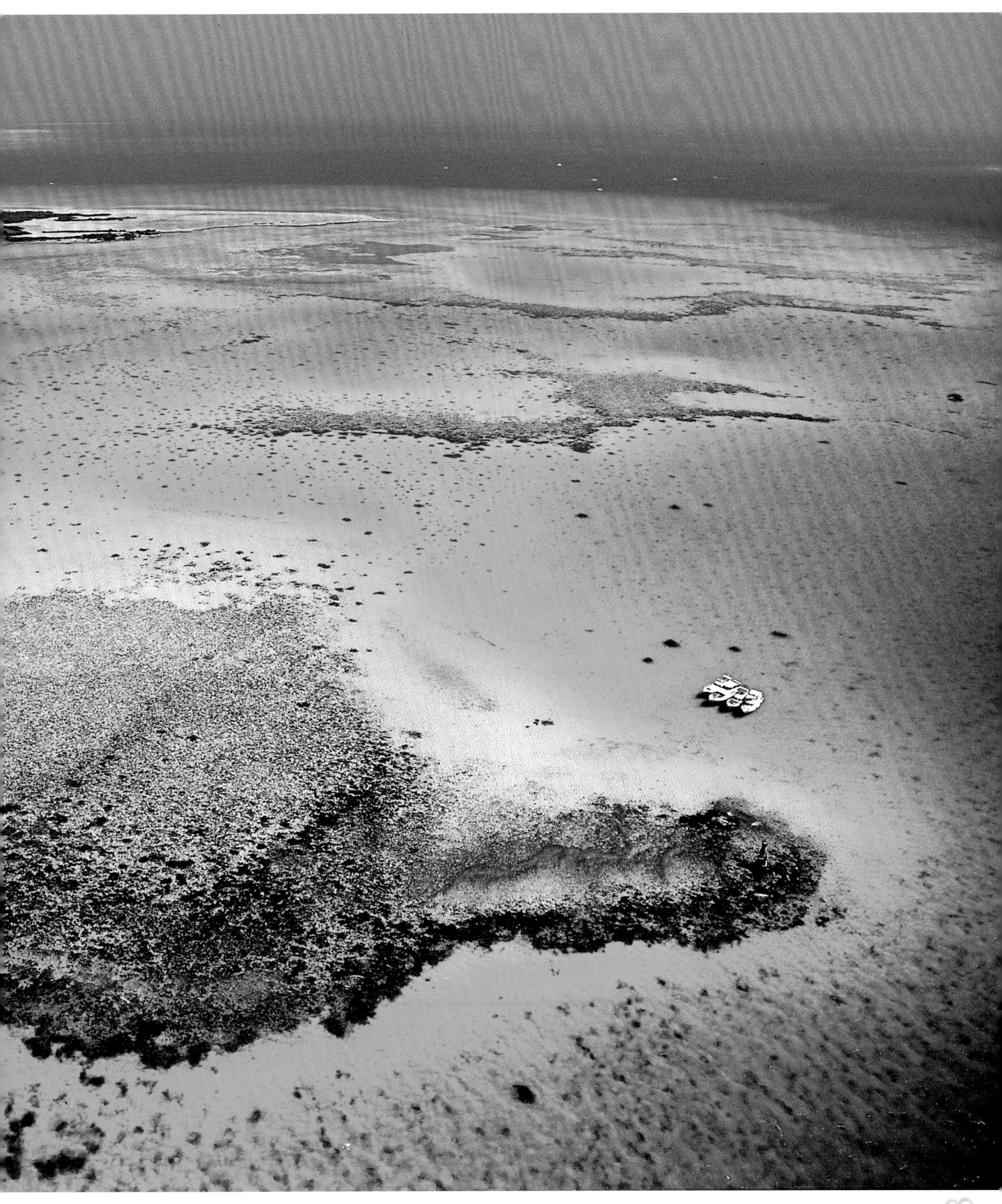

多利亚瀑布

-比亚 / 津巴布韦

144

1855 年，传教士大卫·利文斯通用简短的一句话概括了他眼前的壮观景象，"英国没有一个地方能让你想象到此处的风景之美"，当时他在非洲的"心脏"位置传教、为人治病。今天，在利文斯通赞美的基础上，我们还要补充的是，世界上没有瀑布能与维多利亚瀑布的宽度（1700 米）和面积相比，整个瀑布的水流都奔入由玄武岩覆盖的狭窄的裂缝中，这些都是维多利亚瀑布的特别之处，它因而成为非洲最著名的旅游景点之一。

145

"往裂缝里看，一团浓密的白云中间闪耀着两道灿烂的彩虹。"每日，当阳光出现，瀑布的风景都在印证利文斯通的描述，证实了他的看法多么准确。随着 1905 年瀑布水跌上方的铁路桥建成（就在画面下面一点），瀑布开始成为旅游景点，铁路桥修建于总督塞西尔·罗兹指定的地点，在那里水蒸气可以笼罩穿行的列车。

146–147

16 世纪，一位葡萄牙传教士描述了埃塞俄比亚北部从岩石地里挖出的拉利贝拉教堂，并发誓教堂确切存在，这个人就是弗朗西斯科·阿尔瓦雷斯，他是最早一批描述这些教堂的欧洲人之一，教堂因此更出名了。20 世纪初埃塞俄比亚和利比里亚是非洲仅存的没有成为殖民地的国家，不管是当时还是现在，阿克苏姆城和拉利贝拉这样的圣城都是国家统一的支柱。在中世纪，拉利贝拉是埃塞俄比亚的首都，周边的山坡零散分布着拉利贝拉的市镇。

拉利贝拉

埃塞俄比亚

147

拉利贝拉的 11 座教堂（这张照片为圣·乔治教堂）不仅是独特的景观，还是朝圣者们重要的目的地。当地居民教众在火山凝灰岩中挖出凹槽，并在“果核”里雕刻，他们可能花费了几十年来完成这项工程，据估计这项工程在 12—14 世纪进行。如果说信众为建造教堂使用朴素的材料具有其精神意义，那么他们在地底挖教堂，则是为了抵御外来侵略者，比如 16 世纪伊斯兰教的艾哈迈德·本·易卜拉欣·加兹，据说他仅在拉利贝拉劫掠了一座教堂，说明当地其他的教堂确实很隐蔽。

传统村落

南非

148–149

20 世纪初，在南非夸祖鲁 – 纳塔尔省连绵的山丘间可以看到克拉尔，克拉尔是非洲南部牧民定居点的典型建筑，它由一组茅屋构成，茅屋外围一圈是栅栏和荆棘丛树枝，晚上牲畜就关在里面。祖鲁王国 1816 年由恰卡国王经历血腥战斗建立。照片拍摄不久之前，一场战争标志着祖鲁王国的灭亡，这个地区被大英帝国占领成为其保护国（1887 年）。

149

克拉尔的起源随时间更迭已不可考，不过它的形态并没有经历大的改变。这说明它的建造理念切实有效，而不单单是出于某些“原始”的想法。克拉尔实际上是一个建筑综合体，它依据一定规制而建，精准地满足礼仪、卫生和社会需求。根据 19 世纪记者、传教士和统计学家提约・索加的一则报道，克拉尔每个组成部分都有圆形——茅屋、中心包围圈和外围围墙，它的建造灵感可能来自太阳和月亮的形状。

开普敦

南非

150-151

开普敦城区往左上方好望角的方向延伸，左侧桌山（海拔 1085 米）和右侧信号山主导了这个画面。20 世纪 50 年代这座城市人口总数约 40 万，随着兰加（“太阳”）和尼扬加（“月亮”）等社区的建立，开普敦人口不断增加。这些乡镇位于画面中左侧的平原，它更有名的叫法是开普敦平原。经济发展需要越来越多的劳动力，这些劳动力密集集中于城郊的乡镇，1948 年南非国民党大选胜利后开始在开普敦实施种族隔离政策，直到 20 世纪 90 年代不同区域才开始融合。

152-153

开普敦球场于 2009 年落成，位于穆耶点街区的拐弯处、维多利亚与阿佛烈德港区的盆地和信号山之间，用于举办国际演出、体育赛事等所有自南非实施种族隔离政策以来长期停办的活动。此时已步入 21 世纪，这座城市的人口相比 20 世纪 50 年代已增长 10 倍，分布于从开普敦平原到福尔斯湾再到远处好望角的整个区域。这张全景照片很好地展示了地形的细节，可以看到郊区和位于中心的城市分开，中心城区被桌山和信号山环抱，整体地形像一个碗。

美洲

旅程尽头的大洲

19 世纪末，一个牛仔为了淘金来到克朗代克步道，前路未知，他忍受着饥饿，吃力地在通往道森的阿什克罗夫特步道上走着。沼泽里蚊蝇成灾，这对到达育空地区的人来说如同噩梦。他在树干上写下：

有一片土地，充满纯净的愉悦。
在那里，草木高高地生长；
在那里，马儿不会掉落沼泽，消失在视野中。
我们会一步一步地走到那里。

这个倒霉的人可能在经过一片沼泽地时丢了自己的马，对到达终点已不抱希望，于是写下了这些天真的词句。不过，像 4 万年前就来到此地的大多数人那样，他相信会有奇迹发生。他翻过最后一道冰川，越过海洋，在经历漫长的旅途后终于看到了美洲。那是亚当和夏娃都未曾到过的伊甸园，动物在大草原上奔跑，脊背上的毛随风飘动，森林一望无际，可以通航的河流鱼类资源丰富。这一整片大陆正等待着它的主人，这里充满巨大的机遇。

美洲戴着“应许之地”的光环，北美洲与南美洲大致对称，见证了不同民族的历史，人们像沙漏里的沙子一样流动。这里不像其他大部分人类居住的地区那样为人所关注。这片大陆属于开拓者、属于先驱、属于永恒的流浪者和移民，他们一次又一次地，在所行之路上留下或深或浅的印记。

从芝加哥到圣保罗，大都市自然是人们留下的最鲜明的印记，而小镇诺姆或阿拉斯加普拉德霍这类聚居地建在副极地平坦的冻原上，引人注目之程度不亚于海湾旁的纽约。因此，问题的关键不在于城市的大小，而在于城市的个性。每座美洲城市都有其引以为傲的发展方式。所有北美城市都兴起于现代，总体上体现了理性和启蒙精神，这些城市由平行的大道组成，纵横相交。从空中俯瞰，这些城市都很相似，但是它们都有自己的特别之处。

华盛顿特区的布局像是传达着某种神秘信息，对角线大道在城市平面上画出星形。加利福尼亚州的两个区域开发于不同时间以满足不同需求，它们互相竞争，二者接壤处形成锐角。曼哈顿和波士顿保留了早期蜿蜒道路上的化石遗迹，它们在整齐划一的环境中非常显眼，就像网球场上出现的龟壳。

值得注意的是，以上城市规划的理性精神并不是现代启蒙思想的专属。其他一些城市的规划同样高效有序，比如墨西哥的特奥蒂瓦坎和特诺奇提特兰，这些城市里市中心与城郊对比明显，与很多北美现代城市布局相似：许多工厂和住宅分布在平坦的郊区，郊区里的建筑和居住在这里的居民一样显得毫无特点。不过，也有一些更加高大的建筑在这片区域里拔地而起，其中有些建筑十分雄伟，例如像山一样的太阳金字塔。这些高大的建筑群代表着整个社区，展现其发展和转型的潜力。

这些标志性建筑不仅赋予其所在地区和建造者独特性，还起到类似考古学中地层的作用。如果想要确定一张北美城市照片拍摄的时间，可以观察它的天际线，因为建筑物施工阶段是非常精准的参数，甚至可以帮助我们确定照片拍摄的月份。不同城市中心的大楼就是历史书。芝加哥原摩天楼家庭保险大楼完工于 1885 年，是现存数千座摩天大楼的鼻祖，但它在现代城市中已经消失了。这座 12 层大楼的防火钢结构令人想起 1871 年烧毁芝加哥木质建筑的那场大火，那次火灾是袭击美国城市的众多“大火”之一，也是促使芝加哥转型的一个重要因素。

如果想到帝国大厦和克莱斯勒大厦等纽约经典大楼建于 1929 年经济危机时期，那么就能明白它们的诞生更像是一个壮举，这两座豪华大厦对处于大萧条时期的人们起到了精神疗愈的作用。加利福尼亚轮渡大楼的钟楼建于狂野西部时期（建于 1892 年，同年成立了臭名昭著的亡命之徒“狂野帮”)，并在经受了 1906 年大地震后仍挺立在人们眼前。轮渡大楼的风格令人联想到西班牙摩尔人的建筑，尽管它的后面陆续建起新的高楼，轮渡大楼仍能令人眼前一亮。19—20 世纪，加拿大渥太华和魁北克这类殖民地里的城堡为城市历史留下了浓重的法国色彩，不过城堡外观体现了建筑风格向“厚重”“巨大”发展的趋势，这个趋势也与美洲历史更加契合。即使是一些建造年代很短的建筑也在诉说着它们的故事，相对于自身存在的时间这些故事更加漫长且深刻，以纽约自由塔和它脚下的“9.11”纪念馆为例，它们的存在不可避免地让人想到 2001 年 9 月 11 日的历史事件。

美洲的变化不止体现在经济发展上，经济衰退也促使美国城市转型，例如城市居民会倡议或施压，促使当地重新规划废弃的生产区域。今天的美国市民再也不能忍受在雾霾中死去，也不愿为破败的工厂和基础设施而感伤。就这样，重新规划的区域和城市公园正使美洲城市的外表更加年轻化，它们好像使用了“美容术”，消除了城市老旧地段生长的“皱纹”（例如，曼哈顿高线公园建在一条生锈废弃的高架铁路上，还有多伦多的绿色地带）。在一众建筑中，港口设施和工厂最能体现经济金融形势波动，它们有时会破败，更多时候会被改造，被改换成其他用途，为城市化进程中的人们提供一个喘息的空间。西雅图海滨的历史码头就经历了上述变化，这些码头从 19 世纪末淘金热至第二次世界大战时期都很繁荣，之后城市交通转移到更现代化的基础设施附近，码头被清空，现在则被改造成了博物馆、景点、休闲区域。纽约的整个工业区，就连肉类加工区里原本用铁和砖建造的肮脏屠宰场都被改造成了时尚区、文化中心、人群熙攘的室内商场或露天商城。最著名的改造案例应该是底特律城，这座大型工业城市在2013年经历了命运中最黑暗的事件——破产，而今天，底特律以文艺复兴中心的 7 座摩天大楼为城市中心走向复兴。

沙漠之城雷诺和拉斯维加斯更加特别，两座城市分别建于 1868 年和 1905 年，建立之初都是西部小村庄，城市里的房屋都是木头做的。现在这两座城市成了“乐园”，所在的大都市区总人口 300 万，位于莫哈韦沙漠周边，距离平均气温高达 42.3℃的死亡谷不远。就在拉斯维加斯东部，1935 年，一座看上去没什么气势的大坝（胡佛水坝）将科罗拉多河的一段河道改造成了一个看起来不怎么壮观的湖泊（米德湖）。查科峡谷早先的居民 1000 年前就在新墨西哥州的热带大草原用石头建起人口密集的城镇，他们并不担心干旱问题；他们的北方邻居甚至将城镇建在宏伟的岩壁之下，例如科罗拉多州的梅萨维德。

上面这些特殊的人类定居点预示着当我们往南看，将目光移向中美洲和南美洲时，城市景象会变得非常不同。各种原因导致中南美洲大城市的发展规划相比北美的城市更加无序，之前提到的墨西哥城是个例外，它在埃尔南 · 科尔特斯到来前已经被仔细规划过。首先，一些城市里的部分区域建于前殖民时期，殖民时期的现代化规划与原有的城市网络布局混杂，代表城市有秘鲁的利马和古巴的哈瓦那。其次，某些城市的地形崎岖难行，比如委内瑞拉的加拉加斯、玻利维亚的拉巴斯、巴西的马瑙斯等。最后，这些中南美洲的城市展示了自己不同于广义上“北方”城市的精神。拉丁文化的遗迹与中南美洲的自然景观相融合，例如秘鲁库斯科大片的红屋顶，美得可以印在明信片上；拉丁人（泛指受拉丁语和罗马文化影响较深，使用印欧语系 - 罗曼语族的人——编者注）建造了雄伟的教堂以及风格各异的街区，这些景象点缀着城市，如布宜诺斯艾利斯的拉博卡，里约热内卢不可思议的贫民窟，朝圣队伍在救世基督像的注视下行走在山丘上。玻利维亚的埃尔阿尔托 / 拉巴斯风景如画，这个双核心都市区在海拔 4000 米的高原上迅速扩张，背后是终年积雪的瑞阿尔山脉，高原北部一直延伸到玻利维亚政府驻地拉巴斯中心，边缘处高度骤然降低 800 米。这里曾经人迹罕至，现在有近 200 万居民呼吸着这里的“雾霾”和“稀薄的空气”。

在西班牙人到来之前，南美传统城市的原始形态可以称为“形式主义城市设计”。遗憾的是印加帝国时期的库斯科没有留下任何照片，16 世纪西班牙人在此修建贵族宅邸和教堂，原先的库斯科就此被抹去。不过人们了解到，库斯科的城市规划再现了当地文化中神圣动物美洲狮的形状，美洲狮的身体四等分，对应着帝国的四个地区。就连安第斯山脉的梯田也被设计成了不同图案，分布在极陡峭的山坡上、在田地里、在风景中。带着幼崽的羊驼、神鹰、巨人、金字塔……古代土地测量员似乎想将自然景象塑造成符合他们意愿的形状，而不是将其改造成耕地。500 年前，一个古怪又迷人的创意被应用在城市规划中，那就是巴西首都，即最大化体现理性精神的巴西利亚，在海拔 1000 米、人烟稀少的起伏高原上，城市平面呈巨鸟的形状展开（或是正在飞行的飞机）。尽管巴西利亚的城市规划理念以现代化和理性主义为核心，但相比现在库斯科的规划，古代印加国王更能理解巴西利亚的设计。

众所周知，美洲文明没有发明车轮，这是由于缺乏能够拉货的动物，而不是因为人们懒惰。然而美洲并不缺少道路，美洲的道路诉说着以“在路上”为主题的传奇人生，“在路上”的故事也成为“美国梦”不可或缺的一部分。

白色泥灰铺成的长路被称为萨克比奥布，1500年前在古代玛雅人居住的尤卡坦半岛的森林和草原上穿行了几百千米，更神奇的是，亚马孙雨林里的欣古河发源地也有玛雅文明的遗迹，而这片区域长期以来被看作是原始丛林。在这里，人们发现了曾经存在过几个世纪的“失落文明”，玛雅遗迹被发现是偶然也是不幸，因为正是肆意砍伐才使道路和城市遗址重现在人们的视野中。

多车道高速公路、令人眼花缭乱的匝道、看不到尽头的直线公路贯穿美洲大陆各国，国家之间的边界像尺画的一样直，长期以来以上奇迹般的景象令欧洲人赞叹，他们见惯了欧洲朴素且拥挤的公路。有如此壮观的景象，是因为美洲公路网是由“红色公路”和“蓝色公路”组成的循环系统，人们为了谋生，也为了实现自己的梦想，在公路上奔波。欧洲没有这样的神话，公路故事是只在美洲上演的剧目，在美洲流动与自由近乎同义。

不过，美洲优越的自然风景限制了人类的建造工程，使大地能够保留其原始的面貌。例如气候极寒的地区沥青容易开裂，因此几千千米的高速公路路面都由冻土铺成；跨亚马孙高速公路跨越4000千米，它的长度引发了很多争议，公路尽头是自然路段，在路旁绵延不断的原始森林之中，人们勉强可以看到红土地原本的样子。还有长达3万千米的泛美公路，贯穿整个美洲西部，从阿拉斯加到阿根廷的乌斯怀亚。泛美公路有一处断点，即巴拿马和哥伦比亚之间的达连隘口，这是北美洲和南美洲的连接点，也是一个不可逾越的阻隔，人为改造它过于困难。人们虽然没有连通达连隘口，但在它西部不远处修建了狭窄的巴拿马运河，为大陆两边建立了直接联系，体现了人类的雄心。

为了征服美洲的自然环境，人们不止修建公路，还建造桥梁、铺设铁路。19世纪后半期，美国修建了第一批横跨大陆的铁路，铺了2000千米长的轨道（例如太平洋铁路穿过了内布拉斯加州、怀俄明州、犹他州、内华达州和加利福尼亚州的荒地）。铁路工程耗费巨资，很多工人为此付出了生命，亨利·戴维·梭罗因而写道“不是我们在铁路上旅行，是铁路在我们身上旅行”，他曾长期隐居在森林中，以实际行动关心人类文明与自然的关系。

要想深入大自然，人类需要付出努力甚至牺牲，而在美洲，自然风景就在家门口，临近城市。美洲的人们只要走出大城市，都不用走远，就会发现自己身处最纯粹的乡野风光中，以卡兹奇山为例，它坐落在纽约、波士顿、蒙特利尔之间，巴西城市玛瑙斯甚至就坐落在亚马孙雨林的中心。在美洲，自然是壮观的，也可能是暴力的。北美大平原看起来十分温和，主要发展集约型农业，而当龙卷风席卷山谷、黑色风暴摧残城市，人们深刻体会到了自然之力。美洲大河或许不像亚洲河流那样变幻莫测，但即使因平静而被称为“老人河”的老密西西比河也会猛烈地重塑环境，2004年密西西比河洪水泛滥，淹没新奥尔良，受灾区域居民人数占美国总人口数的四分之一。

如画般的风景也会改变。1980年以前，圣海伦斯火山装点着华盛顿州地平线上的风景，它如此完美，孕育了当地的神话，人们赋予其“美国的富士山”的美称。后来，这座活火山爆发，在经历了地狱般的一天一夜后，积雪覆盖的火山锥坍塌了，周围数千千米的土地遭受破坏，火山口变得像一个巨大而且残缺的碗。有时在人类的影响下，自然景观发生的变化与上述情况截然相反：在智利极其干旱的阿塔卡马沙漠里鲜花绽放，几年后，这片曾经贫瘠干燥的广阔区域成了一片花海，风景与以往大不相同。

没有规律的自然力量或完全的人为因素改造环

境会导致混乱，二者之间还有一条中立稳妥的道路，那就是通过人与自然的共同努力塑造景观。南达科他州荒凉的黑山山脉上，拉什莫尔山坚硬的花岗岩为雕刻不朽之作提供了最合适的材料，雕刻师在岩石上刻出四位巨人，他们在 20 世纪前半期被认为是美国最重要的四位总统。土著民族历经几个世纪堆起的土冢比总统像还大，随着时间流逝、建造者消失，这些土冢经历了大规模损耗并最终消失，也更加神秘。路易斯安那州波弗蒂角遗址的“圆形剧场”和俄亥俄州的蛇冢是用途不明的综合建筑群，它们完美地融入自然，而又有意区别于自然，这两个历史建筑是特例，它们至今仍非常显眼。现代粗放农业更加具体实际，土地属于野外，也用于家庭耕作，人们在田地上创造抽象艺术作品。例如，美国中西部或阿根廷潘帕斯草原上，上万公顷的田地根据种植的农作物、季节和农业技术改变图案的形状、田地的土质、植被的颜色（比如 UFO 图像和“麦田怪圈”）。

北美洲和南美洲的旷野辽阔无垠，对立的利益方对这些区域开展了激烈的争夺。一方面，农业与工业的发展需要从自然中获取必要的原材料；另一方面，大众需要工农业产品，但又不愿破坏原生态陆地的纯净。利益之争十分胶着，有时公众意愿占上风，有时保护自然更为重要。

人们在阿拉斯加使用水力压裂（或简称为压裂）技术开采石油且不受阻碍，这个技术的名称体现了开采过程的暴力；阿尔塞克山脉位于阿拉斯加和加拿大之间，在这里公众舆论赢得了胜利，当地民众阻止了将未经污染的山脉、冰川、草原改造为露天矿的计划。

在美洲陆地上，大自然最出名的造物之一是尼亚加拉瀑布。尼亚加拉瀑布很特别，它同时面临两个不可阻挡的改造力量：一是旅游业，从业者希望它更加壮观；二是自然侵蚀，侵蚀作用会将瀑布改造成一连串的激流。结果令人惊讶：一方面，在耗费极大的人为干预下，自然侵蚀缓慢，瀑布的地质条件愈发坚固；另一方面，一些人认为周边区域城镇化发展会引起风向及气候改变。

人类文明对景观的破坏比大自然侵蚀速度快，而在漫长的岁月里，改变的进程越是缓慢，其结果就越是宏大，甚至惊人。19 世纪很多水手、科学家、探险家探寻西北航道，无情的死神将他们留在加拿大北极圈岛屿的冰层中，如果是在今天，他们可能认不出这些岛屿了，因为岛屿上的冰层现在已经基本消失了。出于同样的原因，在这之后不久蒙大拿州的冰川国家公园也改名了，一座巨大的冰川变成了湖泊，1938 年格林内尔冰川的照片展示了这个变化过程，令人印象极深。从阿拉斯加山脉到巴塔哥尼亚山脉，都有冰川退缩的现象，冰川消融后，露出数百万年来人们从未见过的大片土地；只有少数冰川在各种因素作用下仍向前延伸，如阿根廷佩里托莫雷诺冰川、阿拉斯加和加拿大之间的哈伯德冰川。

很久以前，全球变暖为第一批到达美洲的人开辟了道路，而现今当人们看到全球变暖导致风景发生改变时却感受到了危机。这在某种程度上是一个循环。接下来又会有怎样的螺旋发展，我们只能依靠想象。

布鲁斯 · 查特文曾写到，“一座低矮的木房子，它的木头屋顶可以抵抗风暴，屋里燃着小壁炉……就算世界上其他地方都被炸成废墟，在那里，生活仍旧继续”，他提到的地方是美洲尽头，巴塔哥尼亚高原。他用自己的方式，满怀期待地欣赏他旅途的终点，这片“应许之地”。

道森

加拿大

160

1908 年，老道森城的灯光呼应着北极光的奇观，极光点亮了克朗代克河汇入育空河的支流，那时道森城仅建立 12 年。在当地的黄金被发现前，道森只是一片狩猎区域和原住民聚居区。1896—1899 年的淘金热期间，城镇经历了迅猛的扩张，居民人数达到 4 万。经历 20 世纪初的衰落后，道森人口数降至 5000 以下。也正

161

道森荒凉的景观并未随时间发生大的变化，与此同时，该镇因人口数确立了育空区第二中心的地位，当时的道森有大约 1300 名居民。仅是这个数字就能让人立即想到道森新的财富：这是一片水能充足、富有野性的广袤区域，大片荒野上到处是老旧的采矿设备，人们可以在此参观一座“幽灵城市”，从而推动旅游观光业发展。采

阿尔塞克山脉

加拿大

162-163

阿尔塞克山脉海拔高度不足 3000 米，和其他地区一样，阿尔塞克山脉的冰川也有退缩趋势，不过此地的亚北极气候有利于冬季形成大型降雪，可以让山区在夏季也被白雪覆盖。值得庆幸的是，该地区未受污染的自然遗产的价值已经超过了其矿藏的货币价值。1993 年，由于激烈的倡议活动，这片区域被列为保护区为后代保留这里的自然风貌，成了覆盖近 10 万平方千米、包含冰川和山峰的国家公园系统的一部分。

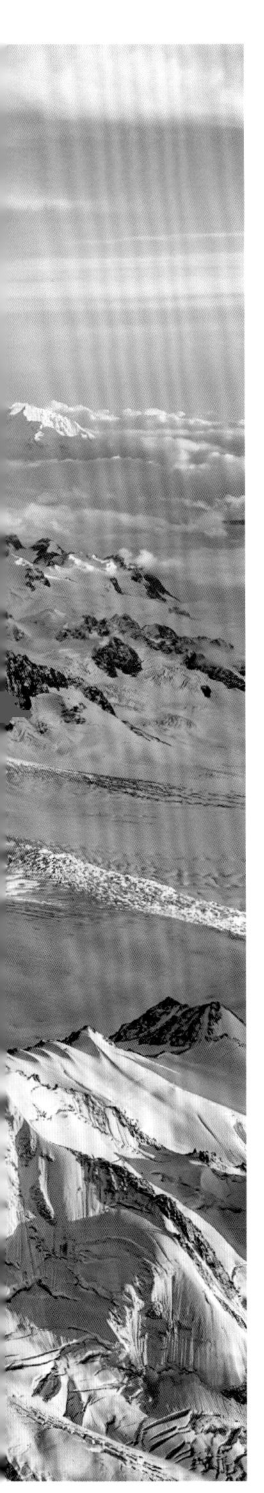

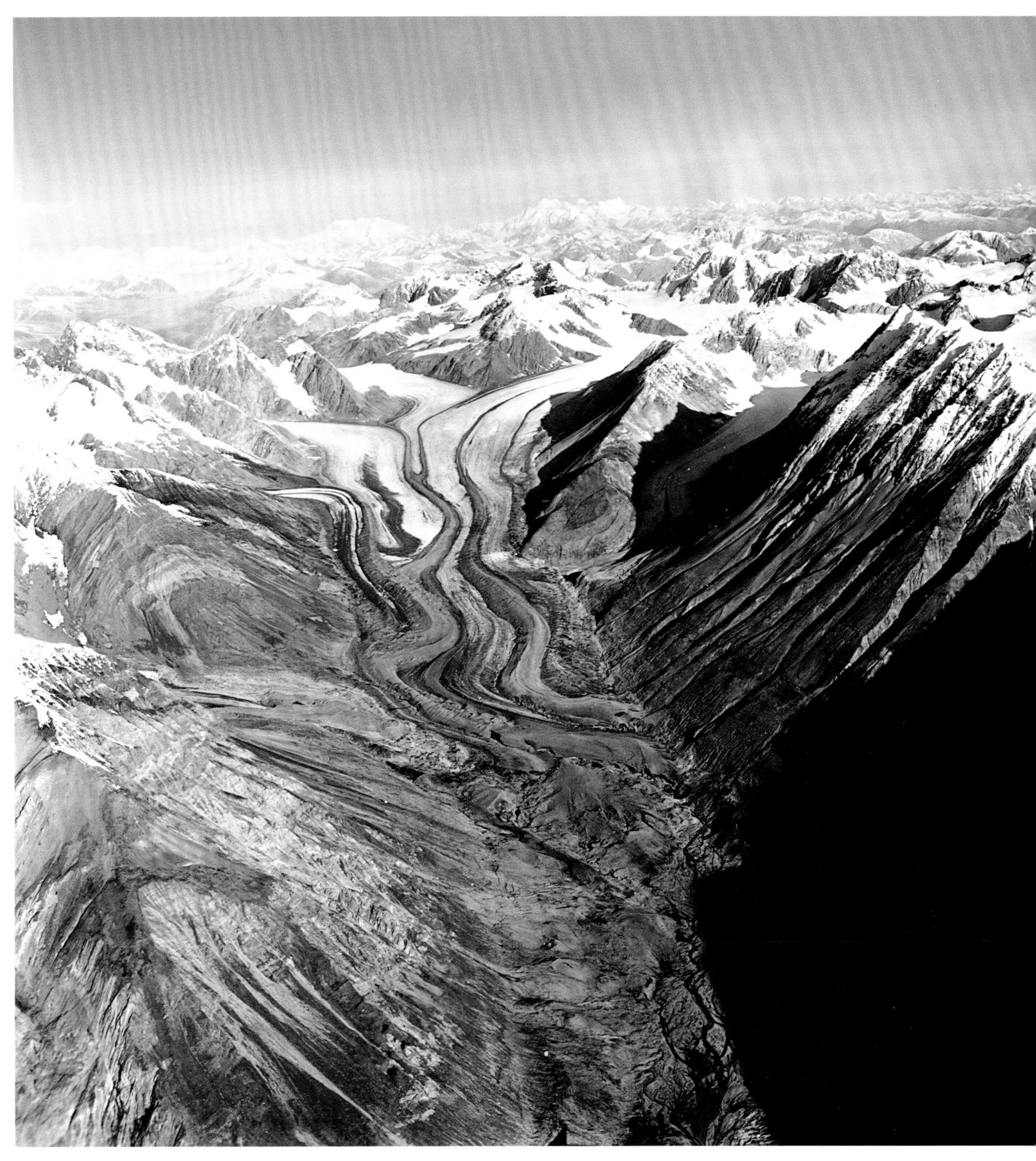

163

在阿拉斯加、不列颠哥伦比亚和育空地区的交界处，不同海拔的冰川谷汇聚于阿尔塞克山脉，孕育了鱼类丰富的河流，比如塔琴希尼河和阿尔塞克河，这些河流流向南方 50 千米的阿拉斯加海湾。1969 年冰川退缩还没有今天这么明显，人类也才刚刚开始探索并测绘阿尔塞克山脉。随后人们发现这片地区铜矿藏量很高，并开始采矿，20 世纪 80 年代中期人们提议将温迪克拉基山最高峰改造成露天矿，这标志着开采活动达到顶峰。

温哥华

加拿大

164

照片中一架莱桑德侦察机正从英吉利湾上方飞过，右下角可以看到福溪的河口，画面左边是温哥华西端区的几座高楼。19 世纪 40 年代这座城市还相当年轻，直到 60 年代才从煤气镇地区发展起来，该地区在画面最右边的雾气中隐约可见。而煤气镇的成长离不开 1867 年约翰·迪顿（人称“盖西·杰克”）开办的沙龙。温哥华得益于木材贸易和港口及铁路运输，在后来的 30 年里发展迅速，人口数增长了 10 倍，1941 年居民达到 27.5 万。

165

这张照片拍摄的是与上张同一个地点，不过视角是从东南方而不是从西北方拍摄，画面包含巴拉德湾北岸，上方可见赛普拉斯省立公园树木繁茂的高地，下方是温哥华斯坦利公园的绿地。1985 年，甘比桥从正南方修建直达市中心，该桥在 1983 年建成的多功能场馆不列颠哥伦比亚体育馆处分岔。温哥华是以工业为主的城市，也是非常重要的港口，是大陆和洲际交通的枢纽，同时还是一座出色的大都会。温哥华非常宜居，这得益于其城市规划的理念，即强调垂直发展而非扩张并侵占自然空间。

阿西尼博因山

加拿大

166

1885年，乔治·默瑟·道森（道森城因他而命名）看到这座海拔3618米的险峻金字塔形岩石并绘制地图，这位不知疲倦的地质学家和地图制图员在为此山起名时，没有联想到欧洲的马特洪峰。道森对当地文化沉迷其中，因为山峰看起来和当地同名民族阿西尼博因人的帐篷相似，他将这座山命名为“阿西尼博因山”。不过因为阿西尼博因山太像马特洪峰，1901年人们首次登顶后，又将其称为“加拿大的马特洪峰”。

166-167

画面里，从东北方向看到的阿西尼博因山沐浴在曙光中，它是大分水岭中的一座山峰。大分水岭沿整个美洲大陆绵延几千千米，直至麦哲伦海峡。山峰以东 60 千米处（靠近画面左侧），山脉延伸至从阿尔伯塔省铺向哈德森湾的平原。向西看，只见近 800 千米的山脉一直延伸到温哥华岛和太平洋。

魁北克

加拿大

168

魁北克与渥太华相似，城市都是以一座城堡为中心。渥太华是加拿大的行政中心，城堡是政府机构所在地，而魁北克省首府魁北克市的城市布局虽然也由一座城堡主导，即芳堤娜城堡，但这座城堡是 1893 年由加拿大太平洋铁路公司建造的豪华酒店。芳堤娜的建筑风格比较精致，是卢瓦尔河谷城堡风格，因而人们可能会弄错它的建造年代。魁北克保留了重要的历史区域，比如最右边可以看到的星形防御堡垒，于 1850 年建成，而最突出的是魁北克老城，位于堡垒和左边蒙特利尔旧港之间，可追溯到 17—18 世纪。

169

蒙特利尔旧港广场是一个半弧形露天广场，用于举办音乐会和演出；广场另一边，1860 年建成的海关大楼（Édifice de la Douane）的新古典主义风格廊柱构成了今天魁北克中心的景观。芳堤娜城堡高 77 米，它的高度不及很多现代建筑，比如它右边建于 1931 年漂亮古典的普赖斯大厦。玛丽－盖亚特大厦高 176 米（连天线一起）主导了整个画面，它开启了 20 世纪 70 年代流行的粗野主义建筑风格。1985 年，魁北克古城区被列入《世界文化遗产名录》。

蒙特利尔

加拿大

170

蒙特利尔在圣母世界女王大教堂新文艺复兴时期巴洛克风格的穹顶之下延伸开来。教堂竣工于 1894 年，设计时明确要以罗马圣彼得大教堂为原型缩小建造，从而与信仰新教的英裔群体修建的哥特复兴式教堂对立。1642 年蒙特利尔建于一座河岛上，直到近些年才和圣劳伦斯河的右岸相连，在过去人们需要乘坐轮船渡河，或是冬季河面结冰才能通行。照片上方远处的维多利亚桥于 1860 年开通，极大地促进了蒙特利尔的发展。下方照片教堂前方，宏伟的永明大厦正在修建中，永明大厦于 1931 年建成，高达 122 米，超过教堂高度 45 米。

170-171

今日，永明大厦要仰望那些比它更高的摩天大楼，尽管它洁白明亮，仍是城市景观的中心。永明大厦楼层错落，建筑风格包含一些金字塔元素，这类风格在 20 世纪 30 年代盛行，能体现建筑的威严。在有代表性的新建高楼中，黑色斜屋顶的商业摩天大楼德·拉·高仕提埃 1000 在永明大厦右侧，高 205 米；麦吉尔塔有着金字塔形发光屋顶，比德·拉·高仕提埃 1000 大楼低 47 米（如果仔细观察照片还能看到教堂的圆顶）。蒙特利尔的扩张源于经济发展，发达的工业、金融、商业、文化等多个产业是这座城市经济的基础，过去如此，如今亦然。

渥太华

加拿大

172 和 173 上图

渥太华市中心不同时期的建筑风格对比鲜明，老城区中心北面国会山面朝河流。1857 年，加拿大省政府还未确定，在加拿大省的请求下，英国女王维多利亚最终决定选择渥太华作为加拿大省的首府。女王作出这个决定并非出于偶然，渥太华是完美的选择：易于防守，交通方便，有一条铁路线，更重要的是城市很小，便于压制困扰前任加拿大首府的动荡和骚乱。

173 下图

20 世纪 30 年代渥太华因拥有全世界最著名的国会大楼之一而自豪，标志性的几幢宏伟建筑在 1859—1927 年修建，环绕着中央大楼，庞大的哥特式建筑设计灵感部分来源于中世纪后期的法国皇宫。那时渥太华还是一个居民人数不足 20 万的工业中心，然而从 20 世纪 50 年代开始，渥太华由于在城市规划中关注美学和自然区域保护，例如设计穿过城市的绿化带，城市变得越来越出色。

多伦多

加拿大

174-175 上图

1750 年多伦多作为贸易前线而创建，1792 年更名为约克，接着又改回了最初的名字。20 世纪 30 年代，由于欧洲和亚洲移民涌入，这个坐落于安大略湖岸边的加拿大城市迅速发展壮大。那时多伦多市有 85 万居民，重要性仅次于蒙特利尔，但已有超越后者的趋势。因为有费尔蒙皇家约克酒店这样的高楼，多伦多的天际线不断变化，费尔蒙皇家约克酒店 1929 年建成，是卢瓦尔河谷城堡风格的建筑，位于联合车站后面。照片右边可以看到商业银行，是当时大英帝国最高楼（141 米）。

174-175 下图

不到 1 个世纪的时间，分散的摩天大楼群成为多伦多城市景观的标志，此时多伦多成为加拿大人口最多的城市。多伦多所在的大都市区原本有 600 万居民，在此过程中新增了 300 万，城市范围扩张至安大略湖整个东北岸。建筑高度统领整座城市的加拿大国家电视塔（CN Tower）高达 500 多米，既是电视塔也用于观光，与旁边罗杰斯中心（曾用名天虹体育馆）室内体育场的白色圆顶对比明显，体育场于 1989 年完工。正前方分布着多伦多群岛，1939 年比利・毕晓普机场于岛上开幕，岛上地面修整后，机场得到扩建（最初机场与市中心以渡轮相连——编者注）。

尼亚加拉瀑布

美国

176

尼亚加拉瀑布位于加拿大和美国的交界处，由马蹄瀑布、美利坚瀑布和新娘面纱瀑布三部分组成。马蹄瀑布的深潭水汽蒸腾，可以想象当尼亚加拉河水从倾斜的岩石河岸将近50米的高度落下时，冲击有多么猛烈。为加固瀑布的堤岸，需要开展维护工程，一是清除底部碎石、二是防止侵蚀，可以想象工程的成本和难度之高。1969年政府实施的工程甚至将河流改道，瀑布干涸断流。然而，尼亚加拉瀑布缓慢后退是无法避免的，17世纪最早一批欧洲人发现这片区域时，瀑布水跌位置靠近照片上部边缘处。

176–177

1954年，玛丽莲·梦露和约瑟夫·科顿出演的电影《尼亚加拉》上映后，瀑布的知名度达到巅峰。1941年横跨尼亚加拉河的彩虹桥建成，直至今日人们仍在桥上欣赏马蹄瀑布最壮观的景色。19世纪末游客需要付费去“看一眼”瀑布，瀑布给当地提供了商机。幸运的是，由于景观设计师、纽约中央公园设计者弗雷德里克·奥姆斯德等人领导的“解放尼亚加拉瀑布”运动，瀑布收费的做法被制止，“解放尼亚加拉瀑布”是早期的自然保护运动之一。

匹兹堡

美国

178-179

匹兹堡华丽的景观体现了城市的繁荣，市中心有超过30幢摩天大楼（其中新哥特式后现代建筑PPG大厦的塔楼尤其突出，有193米高，修建于1984年），城市有446座桥。除了临近三条河流的地理优势外，匹兹堡的幸运还归因于附近阿勒格尼山脉的金属矿藏，这是决定其历史和发展的因素。

179 上图

匹兹堡位于阿勒格尼河与莫农格希拉河聚流汇入俄亥俄河（照片左侧）处。19世纪末，匹兹堡的城市面貌深沉昏暗，如钢铁一般，它成为最重要的钢铁工业城市。这里铸造武器保障北方联邦打赢内战（1861—1865年），建起无数的桥梁连接城市，例如前景中宏伟的点桥，于1877年建成。

UPMC
K&L GATES
K&L GATES

1911 年，版权所属
考夫曼·维米尔 & 法布瑞公司
芝加哥
芝加哥鸟瞰图
摄于密歇根湖上方 700 英尺（约 213 米

芝加哥

美国

180–181 上图

芝加哥是世界上最能展现现代城市垂直演化的典型城市，1885 年家庭保险大楼建成，标志着摩天大楼“革命”的开始。这张照片摄于 1911 年，密歇根大道还处于发展初期，区域内有多幢高楼，其中部分高楼至今仍在。画面右边，大型百货公司蒙哥马利 – 沃德的塔形钟楼尤其醒目，该楼建于 1899 年，钟楼左边是建于 1909 年的芝加哥大学俱乐部的斜屋顶，过去可以看到宏伟的人民燃气公司大厦的双色墙面，那时大楼刚刚完工。19 世纪末至 20 世纪初，芝加哥是世界发展最快的城市之一，有超过 200 万居民。

180–181 下图

19 世纪末至 20 世纪初，芝加哥步入第二个发展时期，金融区卢普区已建起一连串摩天高楼，面朝东部美丽的规则式园林——格兰特公园。1911 年，沿河岸排成一线的列车已经消失，取而代之的是芝加哥艺术博物馆的低层综合建筑群，建筑群始建于 1893 年，是唯一许可在公园内建造的楼群。这个时期，一系列经典高楼拔地而起：建于 1930 年的期货交易所大楼（左边最高的那幢，高 184 米）；1924 年落成的施特劳斯大厦（屋顶呈金字塔形），是芝加哥第一座超过 30 层的大厦；画面左侧建于 1927 年的史蒂文斯酒店，正面墙体有四个突出部分。

182–183

今天的芝加哥，不同时期的建筑重叠，相互超越，它们都位于这座大型工业城市广阔且极其有序的地面规划中心，集合成一副壮观景象。在这些大楼中，威利斯大厦（前身是西尔斯大厦）是主导者，高 442 米，是 20 世纪 70 年代的代表建筑，有美国最高的观景台。城市景观的中央是海军分析中心，它红色的外观弥补了高度略低的不足（181 米）。左下方，菲尔德自然史博物馆和谢德水族馆的新古典主义风格建筑群建于 20 世纪 20—30 年代，格兰特大厦具有压迫感的塔群也没有盖过它的势头，塔群中的最高塔有 221 米。

圣迭戈

美国

184

美国西海岸附近的圣迭戈是欧洲殖民历程的起点，西班牙人1769年在此建立据点和圣迭戈阿尔卡拉教堂。1941年圣迭戈成为美国港口，19世纪中期起是美国海军的重要基地。照片取景于恩巴卡德罗码头南部，这里停泊着历史悠久的印度之星帆船。帆船于1863年建成，目前有待修复，帆船建成之时，临近第二次世界大战。沿海岸有一些小型棒球场供军事人员休闲使用，再往内陆就是城区，一路向东延伸到另一侧的巴尔博亚公园。

185

上图的正北方是圣迭戈的鲔鱼港公园，它的名字纪念了当地另一个主要商业活动：金枪鱼捕捞和罐装业。20 世纪 70 年代外国捕鱼者来到此地，该产业兴盛起来，其中来自意大利的捕捞者定居在小意大利社区，社区在画面左侧隐约可见。停泊在画面左侧的航空母舰见证了圣迭戈和美国海军的长期联系：那是“中途岛”号航空母舰，在第二次世界大战末期下水，今天成为一座博物馆，它与圣迭戈最大的海事博物馆不同，海事博物馆收集了包括印度之星在内的很多历史船只。

洛杉矶

美国

186

位于市政中心的建筑，连同消防局所在的整个街区以及右侧完全在阳光下的法院大楼，如同卫星一样环绕着市政厅，市政厅是大都市加利福尼亚的行政中心。人们第一眼看照片时，会觉得这里距离山丘附近的郊区非常近，然而事实上，不管如何测量，这些建筑都位于方圆几十千米的都市区域中心。1781年洛杉矶建城时属于西班牙，发展迅猛，1900 年起至今已融合一系列大小城镇，形成了一个超过 1800 万居民的盆地。

187

1929 年的洛杉矶，耀眼的市政厅在市中心矗立。市政厅用时一年修建完成，主体是一座高 138 米的塔，灵感来源于小亚细亚的摩索拉斯王陵墓，摩索拉斯王陵墓是已经消失的世界七大奇迹之一。直到 1964 年，市政厅都是这个不断扩张的城市里的最高建筑，时至今日它仍是深受人们喜爱的城市地标。照片里看到的另一项新事物是飞机，它们带有时代气息：这是两架福克 F-32，在当时非常时髦，由西部航空快运公司买入，在“大萧条”时期购入飞机是一项不明智的投资，因为飞机运营成本过于高昂。

洛杉矶

美国

188

直到 1956 年洛杉矶的城市规划才决定垂直发展，在那之前城市以平面扩张为主。画面中心，邦克山原来的山丘被夷平，为新建楼房留出空地。市中心之外，洛杉矶河纤细的线条穿过画面，顺着河流的方向可以看到城市的煤气鼓，煤气厂大厦冷硬统一的工业风外形为 20 世纪 50 年代好莱坞很多黑色电影提供了完美背景。照片左上方远处的圣盖博山的雪峰是风景的主角。

189

洛杉矶的天际线在20世纪70年代发展迅速，相比之前的标志性建筑，建筑风格更加多样化。过去按照规定高层建筑物必须是平屋顶，以便于紧急情况下直升机降落，所以城市里没有尖顶建筑，这导致洛杉矶的摩天大楼比较单一。今天不同于过去，例如2017年建成的威尔希尔大厦（连塔尖一起335米）屋顶就有弧度。邦克山的另一边，城市仍有一大片低矮建筑，其中各种教派建造的教堂格外显眼。

废墟中的旧金山
来自劳伦斯科帕奇飞艇
在旧金山湾上空 2000 英尺处（约 610 米）俯瞰水面

旧金山

美国

190-191

20 世纪 30 年代之前，旧金山的海滨布满码头，码头伸入同名海湾。上面照片的前景是内河码头的渡口。渡轮大厦的钟楼于 1898 年完工，占据海港景观的中心位置。钟楼是市场街的起点，它将城市的两个不对称区域连接起来。这张照片比较昏暗，不仅是受限于当时的摄影技术，还是因为照片拍摄时旧金山刚经历了 1906 年的地震，地震摧毁了前景画面中的大部分区域，随后城市又遭受了严重火灾。

191

地震发生近 100 年后，在旧金山现代摩天大楼脚下，照片左侧，在炫目的反射光旁，人们几乎辨认不出渡轮大厦的钟楼，而它原先是景观的中心。在旧金山金融区一片没有特点的建筑中，泛美金字塔非常夺目，它建成于 1972 年，高 260 米，具有现代化的金字塔外形，是继金门大桥后旧金山的第二个象征。在泛美金字塔背后，跨湾塔正在兴建，这幢 326 米高的大楼即将完工。最左边是旧金山 - 奥克兰海湾大桥，大桥于 1936 年竣工，在其右侧可以看见伯纳尔高地的环形山坡。这个天然堡垒在 1906 年的地震灾难中幸存下来，由于越南战争时期附近区域工人群体中的活动家及和平主义者比例很高，山坡又被称为“红山”。

圣海伦斯火山

美国

192 和 193

从加拿大到美国的加利福尼亚，北美西海岸分布了 160 座火山，圣海伦斯火山是其中之一。20 世纪 60 年代（192 页上方照片），火山处于一段持续 100 年的休眠期。1980 年 3 月开始，圣海伦斯火山有不稳定迹象，5 月 18 日一场地震后火山北面坍塌，从火山锥中喷射出炽热的火山灰柱，高达 30 千米。这场火山喷发导致 57 人丧生，几十万只动物、几百万条鱼和数百万棵树木死亡。今天火山锥仍在冒烟（192 页下方照片），但我们可以认为它正在经历“重构”活动：火山经历小型喷发后岩浆凝固，而后新的圆顶形成，火山重新组合成不同的形态，之后火山或许又会进入休眠期。

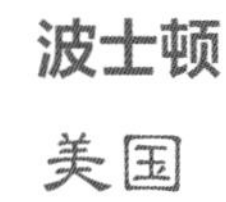

波士顿

美国

194 上图

波士顿海军造船厂的码头曾服役 170 多年，是美国海军最大的造船厂之一。越南战争后海军造船厂解散，有人提议将船厂用于制造邮轮，不过由于其历史价值更为突出，这里成了波士顿国家历史公园的一部分。画面里的两艘船非常好地概括了波士顿军事造船厂的历史：右边是“宪法”号护卫舰，1797 年服役至今；左边是“卡森·杨”号驱逐舰，1943 年下水服役，1960 年退役。

194 下图

纪念大道在朗费罗桥西端蜿蜒成一条曲线，大桥于 1906 年竣工，2013—2018 年重建。朗费罗桥跨过查尔斯河，指向历史街区笔架山社区。笔架山社区内低矮的住房铺开，左侧西区里是朗费罗广场的双子楼。这些建筑之外是另一个历史街区——布尔芬奇三角区，该区域自 1807 年开始在填海土地上建造。布尔芬奇三角区里有 59 座砖石楼房，最高楼仅 6 层，与右边金融区里 30 ~ 60 层的摩天大楼群对比鲜明。

194-195

1886 年帆船正经历最后的辉煌时期，然而波士顿湾仍布满了桅杆和船帆，就像 113 年前茶叶党示威者们将 342 捆茶叶扔进水里时那样，当年的倾茶事件是美国独立战争的开端。这个时期波士顿不再是美国最大的城市，但有大约 30 万居民，是美国第三大城市，位列费城和纽约之后。一排排烟囱和砖房令人想到旧世界，这是今天波士顿仍然保留的一面。

纽约

美国

196 上图

两条河流环绕曼哈顿下城，城区映照在河水中，自由塔闪亮的尖顶主导着整幅画面，它矗立于 2001 年倒塌的双子塔旧址。远处，我们仍可以辨认出曼哈顿中城的经典摩天楼以及东河桥梁令人安心的轮廓，与 20 世纪初相比，市中心唯一保留比较完整的部分只有前景中的炮台公园，体现出随时间的推移事物的巨大改变。疯狂投机的黄金时代已经过去，现在这个区域是一个有机农场，人们可以在这里参与可持续农业活动，体验回到最初农耕时代的感觉。

196-197

20 世纪初，曼哈顿下城位于曼哈顿岛的最南端，很有气势地延伸至右侧东河和哈德逊河的汇合处。该区域已经呈现明显的垂直发展趋势，体现了当时纽约不同的分层：下方左侧，圆形克林顿城堡可以追溯到 1811 年，它的高度被一系列“阶梯”式排布的大楼超越，“阶梯”在新哥特式建筑伍尔沃斯大楼达到顶峰，这幢楼于 1913 年建成，高 241 米。大都会人寿保险大楼耸立在右侧，其外观很容易让人们想到威尼斯的圣马可钟楼，大楼外观与宗教建筑相似，这恰恰凸显了资本主义在当时刚开始走向强大时的纽约有多么神秘。

美洲

纽约

美国

198-199

2001 年 9 月 11 日曼哈顿下城因遭受袭击在空间上而产生了“巨洞”，填补这个空白是一项艰巨的任务，涉及规划、后勤、理想、心理等多方面因素。最简单的提议是在清理废墟后保留空地，但空白无法解决问题。在全球化的当今世界需要用一座摩天大楼指明方向，这栋楼就是世界贸易中心一号大楼，名称意味着统一，它还有个非官方名称——自由塔，意味着自由。它的高度也有意义，楼高 1776 英尺（541 米），明确纪念美国独立的年份，同时暗示其从未以成为世界第一高楼为目标。

199 上图

20 世纪 70 年代末至 80 年代初，纽约度过了一段艰难的时期，衰退、犯罪、歧视渗入城市心脏曼哈顿，给民众和当地政府敲响警钟。正如在大萧条时期的高楼那样，这段危机时期内建造的大楼标志是指向高空，寓意对重生的渴望。山崎实设计的双子塔目的也在于此，哥特风的塔身极其垂直，旨在提振建筑行业，使资本以“健康”的方式重新运转。在这个意义上他取得了巨大的成功，双子塔甚至取代了帝国大厦，成为摄影和电影作品中曼哈顿的“门面”。

纽约

美国

200

这是一张漂亮的全景照片，镜头从西部开始推到长岛海岸和长滩，取景囊括三座经典大桥，分别是布鲁克林大桥、曼哈顿大桥、威廉斯堡大桥，其中威廉斯堡大桥连接曼哈顿下城和布鲁克林区。三座大桥分别于 1883 年、1909 年、1903 年落成，反映了技术和城市规划的进步，纽约东部两个自治市镇随着发展走向现代化。在这个以商业和服务业为支柱的后工业化城市，码头区被重新规划成时尚街区，例如敦博区，位于布鲁克林区和曼哈顿大桥连接处，区域内坐落着初创科技公司和旧仓库改建的高端公寓。

新泽西大西洋城
摄于劳伦斯的科帕奇飞艇
海滨长廊上方 800 英尺（约 244 米）高处
1909 年

大西洋城

美国

204

这张照片是1909年在一艘飞艇上用广角镜头拍摄的，照片清晰地记录了著名的大西洋城海滨长廊，它由木地板铺成，历史可以追溯到1870年，是美国首例木地板海滨长廊。20世纪初期，大西洋城是很受欢迎的海滨度假地，有专用于休闲娱乐的豪华酒店和码头，1921年成为美国小姐选举的主办城市。前景中是海洋码头，21世纪初莎拉·伯恩哈特曾在此演出，而在右端可以看到钢铁码头，是当时另一个包含影院和游乐设施的综合区，长700米。

204-205

在一个世纪中，大西洋城兴盛（至20世纪60年代），然后衰落（至20世纪70年代），最终城市重新定位，再次崛起，成为海上的拉斯维加斯。从黄金时代幸存下来的标志性酒店有克拉里奇酒店，建于20世纪30年代，位于画面左侧，楼顶有座小塔。附近建起新的酒店和赌场，例如右侧侧边呈对角线型的肖博特饭店，既是赌场也是酒店。城市人口减少（居民人数从20世纪60年代的6万降至目前3.9万），但人们的娱乐需求没有减少。观景灯光摩天轮立于现代的钢铁码头，今天码头长度缩短至300米，不过仍是娱乐区域。

美洲

华盛顿

美国

206-207 上图

1791 年，华盛顿特区明确作为美国首都而成立，这是一座完全基于规划构想而建立的城市 。乔治 · 华盛顿在波托马克河沿岸亲自选中了这片边长 16 千米的方形区域，这片区域之后变成了哥伦比亚区。1814 年遭受英国的大火袭击后，首都在 19 世纪 20 年代经历了一段衰落期，不过在 1861—1865 年美国内战后又恢复元气，原先长期处于劣势的服务业发展强劲。右侧的美国国会大厦于 1868 年建成。

206-207 下图

国家广场一带发生了很多变化，而在华盛顿最初的城市规划中标志性的对角线大道和垂直大道一直保留，美国国会大厦背后可以看到一部分。华盛顿纪念碑是一切的中心，这座现代方尖碑为纪念首任美国总统而建造，于 1885 年落成。国家广场的一侧是庄严的林肯纪念堂，左侧一排新古典主义建筑是博物馆，右边是潮汐盆地和波托马克河。前一张照片里风景布局更贴近“维多利亚”风格，现今已经完全消失。

迈阿密

美国

208

20 世纪 30 年代是传说中飞艇的黄金年代，泛美航空公司新成立，在迈阿密建立了航站楼，两架波音 314“飞剪船”停靠在漂亮的航站楼侧边，大楼线条简约，由纽约德拉诺和奥尔德里奇工作室设计，该工作室以设计布杂艺术风格（古典建筑风格）的建筑闻名。彼时迈阿密疲于应付 20 世纪 20 年代房地产泡沫、1926 年飓风以及大萧条带来的沉重冲击，直到第二次世界大战后迈阿密成为反潜基地，居住人数上升，城市才得以复苏。在第二次世界大战之后，迈阿密成了“魔力之城”，因为每年冬天度假者来这里时都会发现它“像被施了魔法”一样的快速发展。

209

被称为“晚餐钥匙”的区域变化显著，因为其用途完全改变。1943 年美国海军征用泛美航空机场，随着水上飞机“黄金时代”的终结，1945 年机场关闭。1991 年泛美航空破产，前航站楼成为迈阿密市政厅所在地，这大概是全美国最低调的市政建筑之一。与此同时，迈阿密沿着其最有名的海滩扩张了数千米，居民人数达到 50 万，属于有 600 多万人口的大都市圈。今天，迈阿密是富裕退休人士的度假胜地，也是重要的商务贸易中心。

美洲

基韦斯特

美国

210

基韦斯特岛位于美国大陆南部长达600多千米分支的端点，与大陆隔着浅浅的海峡，朝着墨西哥湾的另一端向加勒比海延伸。基韦斯特岛上因长期受蚊子和海盗侵扰，过去无人居住，直至19世纪人们才认识到其高度重要的战略地位，自此城市产生，而1912年跨海铁路修建之前，基韦斯特一直与大陆脱节。在这张拍摄于20世纪30年代的照片里，在多边形盆地外侧，人们可以看到铁路港口的码头。就在岛的顶端，为抗击黄热病而花大力气修建的多边形建筑扎卡里·泰勒堡很醒目，于19世纪50年代建造。

211

今天的基韦斯特看上去没什么变化，但实际上填海区域扩大了，比如左侧分布着整齐的住宅区的圆形小岛德瑞格基，此外，在1935年致命的飓风“劳动节”吹走跨海铁路后，铁路总站就关闭了，铁路现在被高速公路取代。左边旧码头之外的另一片排水区域是特鲁姆博角，基韦斯特岛上最高的建筑就坐落在这里（这栋高层建筑加上底层共5层），因为是军事基地，所以禁止进入。基韦斯特有一座漂亮的老城，是接近照片中心的浅色长方形区域，作家欧内斯特·海明威曾在此居住。

哈瓦那

古巴

212-213 上图

自 1519 年建城后历经 4 个世纪，哈瓦那是一座有着悠久历史且底蕴丰富的城市，是海盗黄金时代的商港，是对西班牙殖民地贸易至关重要的造船厂，18 世纪时一度成为英国殖民地。当西班牙重新占领此地时，在照片背景区域中建立了森严的防卫，可以看到那里矗立着海角城堡和其特有的灯塔。20 世纪 20 年代拍摄此照片时，哈瓦那是一个富裕的城市，是受到美国“保护”的古巴的首都，岛上没有实施禁酒令，因此在那段时期哈瓦那开始发展旅游业。

212-213 下图

20 世纪 20 年代这条路叫普拉多大道，现已更名为何塞・马蒂大道。何塞・马蒂是诗人、哲学家，是 19 世纪末反抗西班牙独立战争中的英雄，也是那首极其出名的歌曲《关塔纳梅拉》的词作者。科隆区变化不大，由于美国对古巴的禁运，当地经济不景气，在此建造摩天大楼或翻修建筑都是难以想象的事情。哈瓦那以不同风格建筑的混合而闻名，这座城市保留了殖民地、巴洛克甚至是苏联时期的建筑。哈瓦那也有高达 30 层的大楼，不过都沿着最西边（照片左边）知名的马雷贡沿海大道分布。

SARRA

墨西哥城

墨西哥

214

宪法广场的整个东侧都是国家宫极长的外墙，宫殿于16世纪开始建造，在这张拍摄于1905年的照片中，可以看到宫殿18世纪时的样子。国家宫部分建造材料取自原来的蒙特祖马宫殿，坐落于埃尔南·科尔特斯府邸旧址，也是1521年西班牙人征服此地后新建城市的中心。在西班牙征服者到来之前，这里就已经扩张到了人口稠密的盆湖地区（据计算，特诺奇提特兰的居民人数超过了50万），而在1921年墨西哥城的居民人数已达到百万。

214-215

夕阳下，首都中心朝着城市东边的火山延伸，其中有海拔 5426 米的活火山——波波卡特火山。马德罗大街以 1910 年墨西哥革命领袖弗朗西斯科・马德罗命名，街上的灯光指向宪法广场，广场左侧与建于 16—19 世纪的墨西哥城主教堂相邻。宪法广场被称为索卡洛，在今天的墨西哥城这样一个超过 2000 万居民的都市中，广场就像首都的心脏，聚集着宗教和市政建筑，串联独立时期、帝国时期和革命时期的回忆，呈现了这个城市完整的历史。

216-217

1912 年，具有冒险精神的耶鲁大学教授海勒姆·宾厄和他的同伴们发现了马丘比丘，他们当时肯定是非常艰辛地砍去了掩盖大部分遗址的草木。实际上，这个神秘的建筑群早已为当地人熟知，当时人们还在左侧可见的一些陡峭梯田上种菜。马丘比丘位于乌鲁班巴山谷中的一个鞍部，交通不便，且受闷热的亚热带气候影响，因而在西方人眼中消失了整整几个世纪，而这也孕育了它作为“失落之城”以及最后一个印加人据点的神话故事。

马丘比丘

秘鲁

217

这张照片从北面，即实际上的马丘比丘山一侧取景，这座“老峰”是遗址所在地，位于上一张照片里的“新峰”瓦伊纳皮克丘山前方；照片拍下了修复后的梯田，其上展示着印加建筑特有的几何图形，不仅有实用价值，还有深刻的宗教象征意义。在马丘比丘，这些田地为这个建于15世纪的帝国提供了食物的来源，同时它们证明着古代宗教的重要性，保卫着这片置身于大自然之中的遗迹。

里约热内卢

巴西

218-219

巨大的救世基督像落成于 1931 年，基督的姿态仿佛准备跃入瓜纳巴拉湾水中，瓜纳巴拉湾向东延伸，以城市最为人熟知的地标之一——糖面包山为中心。里约热内卢也曾是巴西首都，直到 1960 年政府所在地搬至新城巴西利亚，然而里约热内卢的重要性并未降低。里约热内卢的另一个标志科帕卡瓦纳沙滩位于画面右上方，白得耀眼。山丘这一侧的浅色长方形区域是圣若昂巴蒂斯塔墓园，作曲家安东尼奥·卡洛斯·乔宾和巴西利亚项目总规划师奥斯卡·尼迈耶等名人在此长眠。

219

可以肯定地说，世界上很少有里约热内卢这样的城市，能在这个蓝色星球最壮观的自然风景之中，增添许多魅力与美的景色。这个幸运的组合是有代价的，因为此处的自然和城市之美掩盖了由于城市与乡镇发展扩张导致瓜纳巴拉湾生态系统所受的损害。1502 年葡萄牙人发现瓜纳巴拉湾，现在里约热内卢大概容纳了 1300 万居民。里约热内卢建于 1565 年，一直以来都是一座重要的城市（甚至在拿破仑战争时期取代里斯本成为葡萄牙帝国的首都），因而自诞生以来，它一直在稳定发展。

圣保罗

巴西

220-221

今天要理解圣保罗的中心在哪里比较困难，因为从西边看，这张照片里整齐划一的摩天大楼分散铺开，坐落着跨国公司的总部、银行、医院、学校、酒店、住宅公寓等。这个城市人口数在世界上排名第四，有1200多万居民，是一个大熔炉，民族丰富程度不在纽约之下，实际上现代保利斯塔人似乎来源于世界上200多个国家。城市中心区域位于画面背景中，距深色长方形区域康索拉奥墓园仅几千米。

221

圣保罗诞生于16世纪中期，初期是以传教为主的简朴村庄，19世纪末期由于咖啡种植园蓬勃发展，开始发展为大城市。20世纪中期圣保罗居民人数早已超过百万，像野火一样向四方扩张。尽管圣保罗与东边的里约很近，相距仅数百千米，但圣保罗呈现了北美城市的工业面貌，与后者完全相反。另一方面，它的使命也正是如此，从后方中心区的仓库、铁路站和高楼大厦就可以看出。

蒙得维的亚

乌拉圭

222-223 上图

在经历了乌拉圭独立战争不同派别领导人之间爆发的 8 年乌拉圭大战争（1843—1851 年）后，19 世纪下半叶，蒙得维的亚经历了一个快速发展期。在不到 50 年的时间里，蒙得维的亚不断扩张并配备了邮件服务、煤气照明、铁路运输、有轨电车、电话和电力线路、重要文化机构等。这座城市的成功得益于其同名海湾受保护的深水海域，自 1724 年正式建城后，蒙得维的亚湾成为非常重要的港口。远方可以看到 1804 年建成的大都会大教堂的两座钟楼。

222-223 下图

照片里这座半岛在南边封闭蒙得维的亚湾，向开放海域延伸，朝着阿根廷海岸的方向伸入马德普拉塔的海水中。照片右侧和下方，市中心大楼和巴里奥苏德的大型公寓居高临下地压制着别哈城的低矮建筑。蒙得维的亚发展有序，城市沿着海岸线的轮廓，以直线街道划分街区，尽管居民们倾向于搬离港口附近的工业区。这片水域具有历史意义：1939 年正是在这里，袖珍战舰“施佩伯爵将军”号沉没，标志纳粹在第二次世界大战期间首次遭受打击。

大洋洲

最初的黎明

地球上有许多人类假想的界线，标志着各种类型的边界，比如极圈、回归线和格林尼治的本初子午线等。除此之外，还有一条特别的界线，它将地球上两片区域分隔开来，两区之间的差异巨大，甚至对此一无所知的鸟类都没有飞越这条界线。这条特别的界线就是华莱士线，这条界线南北纵贯于巽他群岛和澳大利亚之间，长达数千千米。从自然学的角度来看，它将西北部的“亚洲”和东南部的“澳大利亚”分开。一边是老虎和犀牛，另一边是袋鼠和鸭嘴兽。西边是欧亚大陆——世界上最大的陆地；东边是太平洋——地球上最大的海洋。

杰出的进化论者阿尔弗雷德·罗素·华莱士（1823—1913年）通过科学的观察提出了华莱士线。在他之前，也许是在7万年前，第一批从印度向东迁徙的现代人类应该就已经发现了这两片区域之间的差异。他们徒步穿过几乎将亚洲和澳大利亚连在一起的广阔平原，然后从一个岛“跳”到另一个岛，或有意或无意地趴在独木舟上，直到到达阿纳姆。这些早期的定居者分散在这片大陆上的不同地区。当时的大洋洲大陆比现在要大得多，还包括了巴布亚新几内亚、塔斯马尼亚以及中间的所有土地。在当时那个世界，各地气候不同、动植物不同、陆地地势平坦，大地遭逢周期性的大火焚烧，形成了完全不同的文化。

人们在大陆最北部的麦杰德贝贝发现了大洋洲最古老的人类痕迹，其历史可以追溯到6万年前。在更远的东南方向，在悉尼湾的很多痕迹也证明大洋洲的原住民已经在此定居了3万年。在这段时间里，澳大利亚的文化仍然静静地停留在旧石器时代，没有道路和城市，但却拥有一种复杂而精细的精神地理（著名的《歌之版图》），这些歌谣吟唱的路径让古代的大洋洲穿行者可以在这片70%的土地是沙漠的大陆上行走数千英里而不迷路。

在这群原住民中，有一些人并没有停下前行的脚步，他们东望沧海，观察云的形状、水流的温度、鸟儿的迁徙，知道一定有更广阔的土地可以去探索。大约3500年前，他们开始建造越来越坚固的独木舟，足以承载家人、牲畜和其他物资。就这样，他们像孢子一样散布在密克罗尼西亚、美拉尼西亚、波利尼西亚，直到8—12世纪，他们终于遍布大洋洲、复活节岛和夏威夷群岛的所有宜居土地。

《歌之版图》所勾勒的大洋洲的古代自然风光数万年不变，其持续时间甚至超过了世界历史的10倍，那些自然风光一直到18世纪末才开始崩塌。1788年，澳大利亚最古老的也是至今最大的城市“悉尼”建成了，在此之前，这片大陆上只有木头和树皮搭建的棚子，悉尼的建成是澳大利亚城市建设这一段渐强音乐的第一个“音符”，1913年首都堪培拉的建设则将这段音乐推向高潮，并一直持续了整个20世纪。

原住民的“梦想”与移民潮所构建的梦想之间难免冲突，正是两者之间的冲突最终勾勒出了澳大利亚的新面貌。移民们被这片“空旷”大陆可能蕴藏的巨大机会所吸引，或自愿或被迫地从欧洲、印度、中国、太平洋岛屿涌入。于是，澳大利亚的大城市——理性开明的阿德莱德、维多利亚州的墨尔本、辉煌的悉尼以及城市化程度很高的昆士兰东南部地区（部分为农业地区，部分为旅游和海滨地区）都集中在大洋洲大陆较潮湿的东侧，那里有巨大的昆士兰森林、不朽的桉树，以及大洋洲大陆上能找到的唯一一片茫茫雪域“澳大利亚阿尔卑斯山”。在大洋洲大陆的西侧，沙漠一直蔓延到印度洋沿岸，只有珀斯受到了罕见的地中海气候的恩泽，闪亮的城市天际线在低低的海岸线上升起；西侧沿岸的下一座城市则是东北方向相距50个小时车程的达尔文市，虽然城市规模不大，但是仍在增长。值得一提的是，大洋洲的原住民也逐渐迁徙聚集到了这片大陆不那么宜居的西侧。大洋洲大陆两侧的墨尔本、悉尼、珀斯等大城市却是世界上最宜居的城市。

就像油与水的相遇，在现实中，大洋洲的本土文化也在顽强地抵抗着“进口”文化的同化，结果喜忧参半。在巴布亚新几内亚，像首都莫尔兹比港这样全面发展的现代城市只是一个门户，从那里可以通往鲜为人知的丛林，那里的部落原住民居住在丛林深处的树屋里，外人几乎无法进入，因而原住民仍旧保持着他们自古以来的生活方式。然而，位于东太平洋尽头的新西兰岛则有着全然不同的命运。波利尼西亚人在13—14世纪就发现了这些岛屿并在此确立了殖民统治，之后很快又返回了大洋洲大陆。新西兰岛的北岛和南岛形状狭长，有着1.5万千米的海岸线和众多港湾，气候凉爽湿润，是毛利人和英国人等航海民族的理想之地，但是随着历史的车轮前行，前者的痕迹显然已经消失在后者的统治之下了。因此，毛利人的最后据点，比如位于壮观的火山口的罗托路亚、沿海的陶朗加和延伸到远东北部海洋的劳库马拉地区等，都已经与西部的奥克兰或首都惠灵顿没有什么区别了。在 19 世纪，塔斯马尼亚大约 7000 名原住民的文化被 7.5 万名外来移民所淹没，几乎消失了，这是塔斯马尼亚原住民文化的最终命运。大洋洲广阔而又人烟稀少的景观误导了来自西方的新移民，他们以为这里是无主之地、“无人之境”，其实这里分布着非常密集而封闭的原住民部落网络，只不过新移民难以进入其中。这群新移民对这片新大陆有着自己的规划，这一点从后来的“莱特的远见”中也可以看到。19 世纪 30 年代，大英帝国威廉·莱特上校设计了阿德莱德，城市规划充分结合了城市环境和公共功能，他的设计灵感既来自古典建筑，也来自社会主义之父欧文和米尔斯的思想，因此，阿德莱德成为一座名副其实的“生来自由”的城市，而不是作为刑事殖民地。与此不同的是，悉尼的发展相对缺乏规划，最开始它就是作为罪犯的流放地而建立起来的殖民城市。杰克逊港湾自然环境宜居而且风景优美，悉尼的创建人亚瑟·菲利普独具慧眼，选择在此建城。澳大利亚的首都堪培拉的城市设计始于 20 世纪初，在当时的城市规划中特别关注对自然风光的利用和保护，同时也特别强调这座城市对于澳大利亚这个国家的象征意义，此举也是为了平息悉尼和墨尔本之间激烈的首都之争。

大洋洲，地球上的这一大片区域，几乎占据了整个南半球，但主要是由海洋和沙漠组成，这使得人们常常采取一些极端的，甚至是不得已的方式去适应这里的环境。干旱和半干旱的沙漠占了大洋洲大陆面积的 70%，而开阔的海洋则占了大洋洲超过 98% 的面积。在地球这样一个人口数量庞大的星球上，这样的百分比意味着一些城市不得不建筑在沙漠或者海洋之中，比如沙漠城市爱丽斯泉和库伯佩迪镇（后者在地表上几乎看不见，因为致命的高温使人们不得不把城镇挖到了地下），以及海洋城市马绍尔群岛的埃贝耶等。埃贝耶城市面积十分小但人口众多，惊人的是其人口密度达每平方千米 6000 名。

在沙漠与海洋的两个极端之间，大洋洲还包括了很多火山群岛和珊瑚海岛群，这些小岛散布在大陆东侧的海洋之中，往东靠近美洲方向，这样的小岛越来越少。在波利尼西亚一望无际的蓝色海洋中，人们只能在夏威夷群岛上看到一座大都市，那就是夏威夷的首府檀香山，整个夏威夷群岛的居民总数超过了 100 万。这片地区的另外 100 万居民分布在 11 个群岛或岛屿上，其中包括了复活节岛。这一带可不是人烟稀少的热带天堂，就人口密度而言，生活在塔拉瓦环礁就像生活在伦敦一样。

岛屿如此分散，但附近公海的自然资源比人们想象的要少得多。复活节岛及其不可逆转的环境退化历史恰恰证明了这一点。早在古代波利尼西亚人就认识到了大洋洲生活环境的不稳定性。也许正因如此，在这里也诞生了一个梦想，一个足以让波利尼西亚人安心的梦想，那就是尽可能开发和利用当地最好的资源。当地资源包括了热情又富饶的岛屿，比如波拉波拉岛，还有大溪地，在那里高更释放了他不朽的感性。立足于当地的资源与开发，旅游业的发展最终在 20 世纪得以实现，最开始这里只是少数精英的旅游胜地，随后发展成为大众旅游的目的地。自 20 世纪 50 年代以来，大洋洲的游客可以在巴布亚新几内亚的哈根山感受登山运动，在新西兰的库克山和皇后镇享受冬季运动，在所罗门群岛的战舰残骸中体会水下考古，在澳大利亚的黄金海岸等度假小镇，或在波拉波拉和摩瑞亚不可思议的绿色和蓝色的海洋中尝试潜水、深海捕鱼和水上运动，享受极限运动、放松、聚会以及游船旅行。太平洋上有超过 2.5 万个岛屿，这些岛屿以其无与伦比的美景作为自然资源吸引来自世界各地的游客。

昔日波利尼西亚人所担心的不稳定状况正以新的形式慢慢出现，如果说冰雪的消融会让高山上的观察者们感到不安，由此产生的海平面上升则会让另外的一些人感到切实的痛苦，比如马绍尔群岛这样的岛屿，或者类似小国图瓦卢的首都富纳富提。富纳富提现有面积很小，且城市高于海平面仅仅 2~5 米。通常情况下，大自然会对此有自己的应对措施。珊瑚礁会与海平面一起生长，新的岛屿会涌现，例如 2015 年，汤加王国首都汤加普岛以北的海面上诞生了一座灰色的阿佛洛狄忒火山。夏威夷群岛的一些新的岛屿也正逐渐从海洋中浮现，茂纳洛亚、基拉韦厄和洛伊希海火山一次又一次喷发，向东南方向有力地推进，新诞生的土地终有一天将适宜人类居住。大自然的恢复需要很长的时间，并且总有一些神奇之处。与此同时，人类就像是巫师的学徒，在匆忙中创造了亚热带漂浮的塑料垃圾岛，这些塑料垃圾区在巨大的海洋旋涡中心扩张，比如大太平洋垃圾场的面积就可以覆盖整整两个意大利。

不管怎样，在沙漠和海洋之间，造化的力量是如此的难以抵抗，渺小的人类在大自然面前，或者至少是在不宜居的大自然面前显得无能为力。传说中，人类在澳大利亚登陆或降落时，其生命所要面临的危险将会激增。诸如《疯狂的麦克斯》和《鳄鱼邓迪》中人物的遭遇或多或少地再现了这些传说。然而，这其中的危险很多是来源于这片大陆上广袤的未知地带，因为这些未知地带吞噬了初访者们的许多同伴，比如 1788 年消失在新南威尔士水域的拉彼鲁兹伯爵（全名：让·弗朗索瓦·德·加洛），1803 年消失在从悉尼到大溪地岛的航程中的乔治·巴斯，1848 年在辛普森沙漠失踪的路德维希·莱卡特，1937 年在昆士兰的红树林沼泽失踪的埃德蒙·肯尼迪，1937 年在新几内亚的环礁区域失踪的阿米莉亚·埃尔哈特，以及 1939 年在中途岛的海洋上空失踪的理查德·哈里伯顿。

华莱士线所标示的地域存在如此巨大的生物差异，是因为澳大利亚板块很早就脱离了其他大陆，即在恐龙的黄金时代。当时大洋洲大陆还与现在的南极洲连成一片。整块大洋洲大陆的平整度是因为其诞生年代久远，这给了它更多的时间去经历大自然的打磨。位于澳大利亚中心地带的麦当劳山脉在缩减到今天的平均海拔 500 米之前，曾经的海拔堪比欧洲的阿尔卑斯山。乌鲁鲁（艾尔斯岩）巨大脊背上的深沟，6 亿年来由风雨共同雕刻而成，附近卡塔丘塔山的“多头”的圆顶也是这样形成的。这些岩石呈现灿烂的红色，这是因为它们从地质活动年代开始就被阳光照射着，原本灰色的花岗岩表面上形成了不足 1 毫米厚的锈迹。这一切与西澳大利亚南部的碎石相比显得微不足道，这些碎石已经在阳光下炙烤了 36 亿年。西澳大利亚北部海岸的大理石酒吧的化石珊瑚地带曾经孕育着很多的叠层石，大约在那个时候，（也许）地球上就已经出现了生命。这些生命的后代仍然生活在鲨鱼湾，沿着海岸线向西南方向前进，在那里形成了特有的圆顶殖民地（圆圆的叠层石），每一个都是相同的构造，如此古老。在这些叠层石面前，大堡礁 6000~8000 岁的珊瑚礁仿佛就像是一天之内形成的，尽管这些珊瑚礁至今仍然是大自然在大洋洲造就的最杰出的作品。

观察大洋洲的地图，人们可以发现风景最优美的地方往往与传统的圣地相重合。人们通常会用形容词“令人惊叹的”来限定这些地方，这是出于宣传的目的，同时也确实带着敬畏之情。这种敬畏之情的产生并非偶然，因为这些地方的独特风光确实能够在游客内心激发出神圣的信念。夕阳使乌鲁鲁成为世界上独一无二的风景，海洋围困着阿胡·汤加里基令人崇拜的摩艾石像，冒纳罗亚火山的火焰照亮了夏威夷的岩画，这一切都是在诉说，无论是原住民还是其他人，它们是以各自的方式讲述着关于大洋洲的故事。

尽管原住民在大洋洲留下了“轻盈的脚印，几乎是从风景上掠过”，但世界上的所有事物都由一张精密的网络编织在一起，而这张网有时也会断裂，导致大自然精心造就的作品突然崩塌。2015年，维多利亚州南部十二使徒岩中的一块坍塌了，这些岩石的名字颇具欺骗性，因为实际上目前只存有八块。新西兰的奥拉基山（库克山）的山顶已经坍塌了好几次，在大约30年间降低了40米。在我们人类匆忙的视角中，这些坍塌似乎是不可弥补的事件。但若置于更长远和更宏大的视角下，比如对于海洋而言，这一切不过是万千变化中很小很简单的一部分。在南太平洋汹涌的海浪下，将会形成更多的悬崖，奥拉基山将会重获失去的高度，因为它的底座在不断地被推高。我们不会是看到这些长远历史变化的人，正如一句原住民谚语所说：“我们是这个时代、这个地方的访客。我们只是过客。我们在此处的目的是观察、学习、成长和爱。然后我们重归来处。”因此，这一切只关乎时间，只关乎“梦创世纪”。这听起来可能只是一个浪漫的想法，但也有另一句谚语说：“失去梦想的人，就是走失的人”。

黄金海岸

澳大利亚

230-231

20 世纪 60 年代，黄金海岸的海滩已经成为附近昆士兰州首府布里斯班居民最喜爱的旅游目的地。照片中还可以看到海滩内侧的心形雪佛龙岛。1770 年，詹姆斯·库克在自己的第一次大洋洲沿海航行中发现了这片区域；20 世纪 50 年代，这片美丽的海滩被称为黄金海岸，不过当时更多的是由于当地房地产和服务价格较高，而不是因为这里风景优美。随着时间的推移，黄金海岸这一名称逐渐成为对当地风景的赞美。1958 年，整座城市正式以黄金海岸命名。

231

黄金海岸市郊平整干净的海滩成了冲浪者的天堂。20 世纪 50 年代，这里迎来了旅游业和建筑业发展的热潮。城市的天际线中还有现今南半球最高的摩天大楼，2005 年开业的昆士兰第一大厦（322 米，包含尖顶在内）。照片前景中的建筑都是沿着内陆河河口低地的沙滩而建，现在这片区域遍布运河和住宅岛。这一带的房产价格可以与威尼斯相媲美，但是运河的总长度则远远超过威尼斯，总长 260 多千米。

悉尼

澳大利亚

232–233 上图

帕拉玛塔河口复杂的水文地理环境一直延伸到杰克逊港湾口以西。1788 年，亚瑟·菲利普将军，也就是英国在澳大利亚的第一个殖民地的领袖和未来的悉尼的创始人，称这个港口“毋庸置疑是世界上最好的港口”。在经历了干旱和疾病的困扰后，这个曾经的刑罚殖民地在 19 世纪末开始转变为一座自由城市，准备大力发展城市文化和市政，只为成为澳大利亚的领先城市，并与墨尔本展开激烈的首都之争。

232-233 下图

现在的悉尼湾仍然保留着菲利普将军赞扬的品质，除此之外，这座城市已经向周围扩张了几十千米。周围辽阔的自然环境不断给城市发展带来灵感，因此在悉尼诞生了著名的悉尼歌剧院，这是 20 世纪最重要的建筑之一，于 1973 年开放。后面的复古拱桥悉尼海港大桥建成于 20 世纪 30 年代，当时悉尼的人口约有 100 万。今天，悉尼的人口已是当年的 6 倍，因此大部分的跨港交通需要通过一条水下的隧道。

堪培拉

澳大利亚

234-235 上图

堪培拉是澳大利亚的首都，始建于 1913 年，当时为了解决悉尼和墨尔本之间激烈的首都之争而创建。堪培拉的城市建设证明“合理”的城市规划并不一定需要垂直相交。堪培拉的设计者格里芬夫妇是美国优秀的建筑师，他们设计了一个由许多几何图形组成的城市：圆形、星形和多边形。城市的建筑以及公共和住宅空间都有精确的层次布局。当然，整个城市规划的中心是议会，在照片中心的远处，几乎看不到。在照片的右边，我们可以看到六边形环城林荫大道的边缘。

234-235 下图

格里芬原本设计在城市内外的山上种植原色的花卉，遗憾的是由于第一次世界大战的爆发，这一规划未能完全实现。好在最终实现的城市规划仍然兼顾了优美的自然风光，除了照片右侧的城市外，视野中几乎完全没有高楼大厦，这使城市风光更加柔和。照片中最突出的细节是左侧的安扎克战争纪念馆，橙色的纪念大道一路延伸向首都山的方向，纪念在 1915—1916 年加里波利战役的遇难者，其中既有澳大利亚人，也有新西兰人，还有奥斯曼帝国的敌人。

乌鲁鲁（艾尔斯岩）

澳大利亚

236

在澳大利亚中部平坦的土地上，乌鲁鲁这样巨大的岩石毫无意外被原住民认为是创世之后的添补。围绕这块巨石有众多的故事，其中一种解释是，在人类一场血腥而无意义的战斗结束之后，大地心生不满，于是有了乌鲁鲁，而贯穿岩体的凹槽据说是神话中的蛇反复穿过时留下的痕迹。不管怎样，原住民已经在此生活了1万多年，现在他们在法律上被视为这片土地的“传统所有者”。

236-237

乌鲁鲁的红色外观和周围地区的干枯景色反映了这一带的极端气候，北半球的冬季却是南半球的炎热夏季，温度接近50℃，北半球的夏季时此地则降至0℃以下。由于这样的极端气候（极端气候会导致岩石表面崩塌——编者注），游客参观该地时常面临风险。多年来，游客的问题也一直困扰着当地的原住民，他们既担心游客的安全，同时也为游客们攀登圣石的亵渎行为而忧心。自2019年开始，当地立法永久禁止攀爬乌鲁鲁以及在上面行走，这样至少解决了部分问题。

奥克兰

新西兰

238 上图

在这张拍摄于20世纪初的照片中，皇后街是一条朝西南方向贯穿奥克兰繁忙市区的商业大道，皇后街的规划明显随着城市建设和地形不断地调整方向。照片拍摄的区域被称为“西部填海区”，其中还包括了20世纪30年代之前被排干的土地，这样可以不断扩大怀特玛塔港的面积。当时，奥克兰市已有一个高效的公共交通网络，而现在汽车交通已被引入城市公路交通系统，奥克兰原本的公共交通网络很快就会面临汽车交通的激烈竞争。

238 下图

20世纪初，奥克兰的人口不到10万，但是对比新西兰其他的主要城市，比如惠灵顿、基督城和达尼丁，奥克兰的增长速度更快。其中一部分原因是在对抗毛利国王运动期间，该市驻扎着大量的士兵。当时，当地的毛利人试图组织起来以阻止土地被征用，于是组织了毛利国王运动。照片中老式划桨船停靠在码头边，而当时的奥克兰已面临人口过剩和污染问题。

238-239

奥克兰的中央商务区就在上一张照片中的码头南面，朝向豪拉基海湾和兰吉托的火山岛保护区，照片中间的小圆锥体就是兰吉托火山。照片左边是德文波特的海角，专门用于水上运动和娱乐。现在的奥克兰拥有大约 170 万人口，是一座非常宜居的城市，因此这座城市的房产价格急速上升，周围的空间资源也日益枯竭：事实上，奥克兰市区目前已有 200 多个郊区……

内皮尔

新西兰

240

1931 年的地震摧毁了内皮尔的一部分城区，几年之后这座沿海城市再次崛起，变得更加美丽，城市里到处都是当时流行的装饰艺术风建筑，比如 1935—1936 年建成的 T&G 穹顶大厦，以及对面拱形的桑德歇尔柱廊，这个柱廊是地震后立即建造的一个舞台，用于表演和音乐会，至今仍在使用中。内皮尔始建于 19 世纪中期，当时是一个贸易港口和捕鲸基地，1874 年内皮尔成为自治城镇，后来逐渐发展成旅游胜地。

241

现在的内皮尔仍然是一个备受欢迎的旅游胜地，但它首先还是一个重要的贸易中心，支柱产业是利润丰厚的羊毛业，同时内皮尔也是该地区著名农产品的上岸港口。内皮尔坐落在环绕霍克湾的长月牙海滩上，霍克湾是北岛南部最大的海湾，一直延伸到照片背景中的拐子角岬角。那处海岬之所以被命名为“绑架者（拐子）岬角”，是因为1769年毛利人曾试图在此绑架库克的一名船员。

皇后镇

皇后镇

新西兰

242-243

卡瓦蒂普湖像峡湾一样狭窄而蜿蜒，皇后镇就坐落在湖边，周围的山景风光无限，东北方向是海拔高达 1800 米的沃尔特峰，峰顶白雪皑皑。然而，最初人们之所以在皇后镇定居并非因为这里的风光。最初的时候（1860 年）这里只有一户放羊的牧民，1862 年前后人们在这里发现了黄金，皇后镇变得具有吸引力，在那之后越来越多的人来皇后镇定居，游客也越来越多。

243

正如 1863 年一位黄金勘探者所说，皇后镇名副其实，确实配得上“女王”之名。如今这座城市安静地在海湾中延伸开来。照片从西北方向取景拍摄皇后镇，画面中是卓越山的雪峰，最高峰是海拔 2340 米高的双锥峰，右边是本尼维斯山，几乎比苏格兰的本尼维斯山还要高 1000 米。现在，皇后镇是一个旅游胜地，也会举办很多的文化活动。此外，许多电影需要拍摄优美的风景也会到皇后镇来取景，例如《指环王》。

檀香山（夏威夷）

美国

244

20 世纪上半叶，随着阿拉威运河的开挖，位于檀香山（或译作火奴鲁鲁）市中心东南方向的沼泽地被开垦出来改良成水稻田。阿拉威运河沿着海岸线，一直通往钻石山的火山口。一路汇聚周围山谷的径流后流向大海，运河的开挖让檀香山获得了新的、可供建设的土地以及肥沃的农田。照片右侧著名的威基基旅游区就建在新开发出来的土地上，同时城市里的老稻农们也对这片土地非常满意，因为他们把这一带边缘的土地变成了金矿一般的良田。

244-245

钻石山是州立自然保护区，山顶的环形火山口是现代檀香山及其郊区的核心。檀香山的郊区从市中心向西延伸约 30 千米，向东延伸约 20 千米。早在旅游业成为该州经济的主要组成部分之前，檀香山和夏威夷群岛就已经具有举足轻重的地位了，因为这一带群岛的规模很大，同时也是因为它们几乎处于茫茫太平洋的中心位置，极具发展前景。11 世纪第一批登陆大洋洲的波利尼西亚人以及 18 世纪后来的西方人都选择这里作为停靠船只的港湾。

莫尔兹比港

巴布亚新几内亚

246-247

21 世纪的莫尔兹比港已经呈现一个现代化首都（现在是独立后的新几内亚的首都）的面貌，颇具吸引力。这一切皆归功于对黄金和石油等资源财富的精明管理，这些资源成了莫尔兹比港的特色财富。现在这里仍有部分地区很难进入。此后，蓬勃发展的经济吸引了很多大型活动来此举办，例如 2015 年的太平洋运动会。这场运动会推动了当地新酒店和体育设施的建设。随着莫尔兹比港被选为 2018 年亚太经济合作组织大会的举办地，这座城市成功地进入了世界经济的主流。

247

20 世纪 20 年代，水上飞机驻扎在莫尔兹比港的码头附近，这些飞机主要用于沿海地区的交通。当时的莫尔兹比港是大洋洲巴布亚沉睡的首都。在 1873 年英国人抵达之前，这里就已经是摩图人繁荣的贸易港口。20 世纪初，这里发展缓慢，但后来，像地球上许多其他地方一样，随着两次世界大战，特别是第二次世界大战，莫尔兹比港经历了快速的发展，因为它处于太平洋和印度洋之间的关键战略位置，先后作为基地被用来对抗德国和日本。

250–251

波拉波拉是法属波利尼西亚的明珠，这里海水是纯正的蓝色，在阳光下闪闪发光，就像是容留我们人类生存的孤独星球。地球仍是迄今为止在宇宙中唯一确定存在的“蓝色星球”。画面中小小的游艇似乎象征着居住在这个星球的渺小的人类。这幅画面也突出了现代航空摄影的深刻价值：相似图像所带来的启示。这些启示都应该引起我们的反思，让我们意识到我们所生活的世界是独一无二，地球上各种力量之间的差异是多么悬殊。正是因为有这种意识，我们将在很长的一段时间内仍然能够愉快地在地球这片蓝色海洋中航行。

法属波利尼西亚

法国

248-249和249

散落在蓝色海洋中的大大小小的潟湖像一个个堪比太空天体的微观世界。两者之间的相似性没有逃过古代波利尼西亚航海家的眼睛。这片环礁的一端像被拉长了一般，而且面积非常大，几乎占据了整个地平线，与毕宿星团的形状很相似，所以航海家们将其命名为朗伊罗阿环礁（在当地语言中意为浩瀚星空）。直到20世纪60年代，当地经济一直以捕鱼和椰果生产为基础，当时的房屋仍然是传统的样式，四面敞开。后来随着当地机场的建成，朗伊罗阿环礁逐渐成为一个独特的潜水胜地。此外，朗伊罗阿环礁还有一个特殊的气候系统，因为环礁如此之大，以至于环礁内部会生成风暴，这有利于葡萄种植。因此，作为一片不错的法国领地，朗伊罗阿环礁也生产葡萄酒，尽管当地连饮用水也没有。

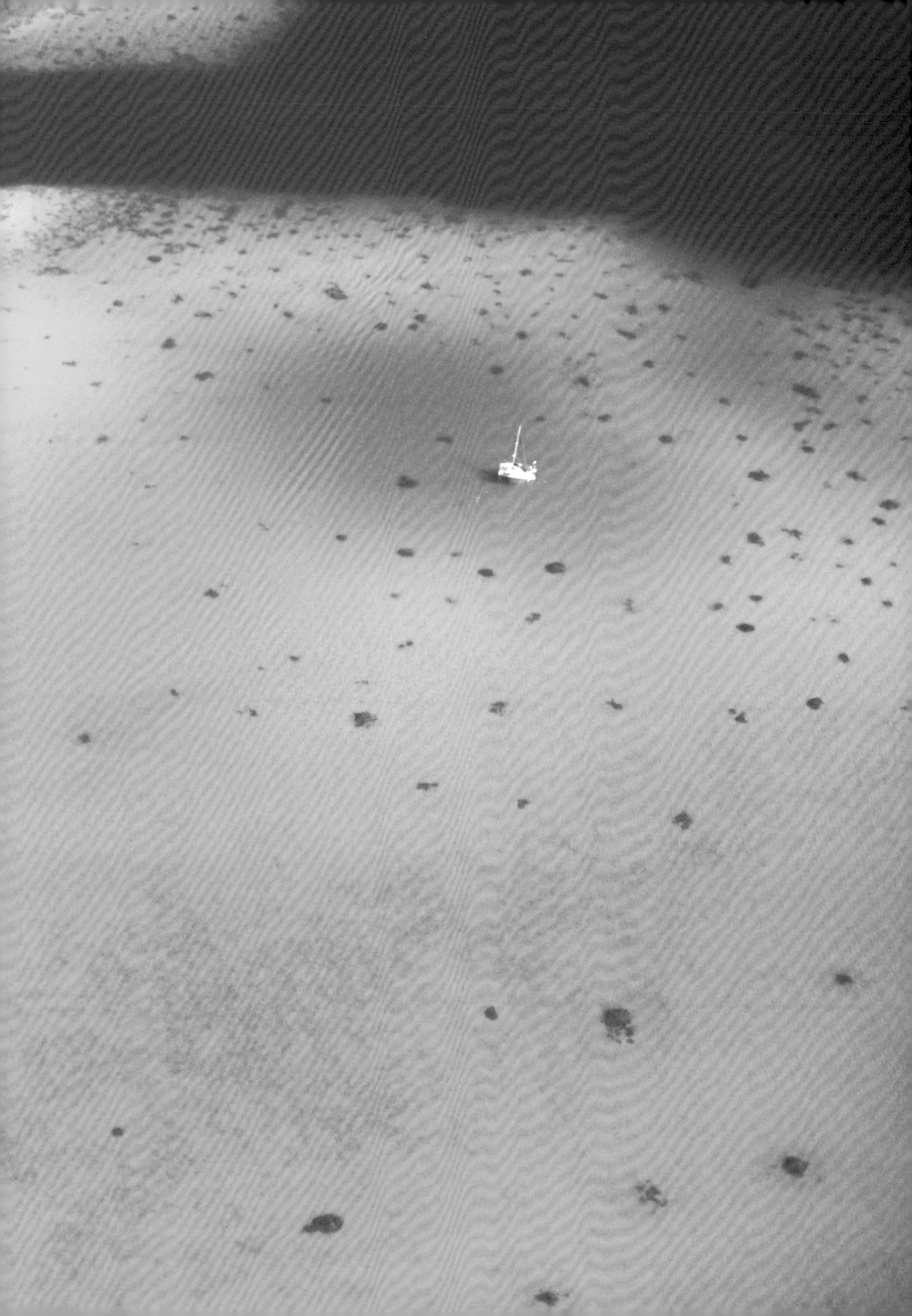

恩里科·拉瓦尼奥

恩里科·拉瓦尼奥，生于都灵，作家、编辑、翻译家。与多家意大利及其他国家出版社合作，出版多部历史、艺术、地理著作。合著作品有《圣地考古导览》(2001)、《圣经》(2003)、《建筑奇迹》(2008)；曾写作《世界》(2005)、《意大利，往日踪迹》(2007)、《大卫·罗伯茨版画中的圣地》(2008)、《圣母恩典：信仰、艺术、传统》(2010)。曾参与编辑《马可波罗，记录过去的摄影家》，完成意大利语首译本《犹大福音》(2006)。近年来大力投入创作童书和青少年读物。

与意大利 Nuinui 出版社合作，出版《陆地星球》《海洋星球》《我是爱因斯坦——我的天才生活》《我是玛丽·居里——我的科学家生活》，其中《海洋星球》与海洋学家安杰罗·莫杰塔合作，《海洋怪物与大怪兽的故事：写给勇敢的宝宝》兼具科学、想象力和叙述性。

致谢

出版社感谢以下合作方：

哈罗德·巴尔德，览图网（奥兰治维尔，安大略）

克里斯·本森，阿拉米

黛安娜·贝尔蒂内蒂

杰西卡·布埃蒂和达里奥·德斯特法尼斯，盖帝图像

托尼·卡马拉塔，托尼·卡马拉塔航空摄影（波士顿）

尤塔·克罗斯威特－克莱因和迈克尔·赫利希，澳大利亚国家图书馆

艾琳·代·格罗特和英格堡·埃金克，荷兰国家博物馆热带博物馆（阿姆斯特丹）

塞巴斯蒂安·费尔曼，蒂费纳·勒鲁和克里斯托夫·莫伯雷特，法国国家博物馆联合会摄影机构（巴黎）

卢辛达·高斯林，玛丽·埃文斯图库

厄恩·麦奎兰，“麦克尔·麦奎兰的经典摄影作品”（悉尼）

加里·莫伊尼汉，新西兰老照片（奥克兰）

安迪·纽曼，佛罗里达群岛新闻社

多米尼基·帕帕季米特里乌，剑桥大学图书馆

约翰·鲁特和苏茜·里格斯，国家地理图像采集部

安德鲁·韦伯，帝国战争博物馆（伦敦）

照片来源

3 页 马尔切洛 · 贝尔蒂内蒂
5 页 航拍 / 罗杰 – 维奥勒收录自盖帝图像
6 页 法国国家图书馆
9 页 美国国会图书馆 / 考比斯 / 视觉中国收录自盖帝图像
12 页 赛皮雅时代 / 环球影像集团 收录自 盖帝图像
13 页 上图 贝德曼 / 盖帝图像
13 页 下图 考比斯历史图片档案馆 / 考比斯 收录自 盖帝图像
14 页 上图 德 · 卢安 / 阿拉米素材图库
14 页 下图 玛格丽特 · 伯克 – 怀特 / 生活画集收录自 盖帝图像
15 页 上图 拉斐尔 · 盖亚尔德 / 伽玛 – 拉波 收录自盖帝图像
15 页 中图 创意文化 / 阿拉米图库
15 页 下图 普拉西特 · 罗德 / 阿拉米图库
16–17 页 美国国会图书馆，图片与摄影部
18–19 页 马尔切洛 · 贝尔蒂内蒂
26 页 亚太摄影工作室 / 盖帝图像
26–27 页 历史图片档案 / 考比斯 / 考比斯收录自盖帝图像
28 页 世界历史档案 / 阿拉米图库
29 页 马尔切洛 · 贝尔蒂内蒂
30–31 页 和 第 30 页下图 马尔切洛 · 贝尔蒂内蒂
31 页 维基共享资源 / 公有领域（以色列国家照片集，政府新闻办公室，摄影部）
32 页 澳大利亚国家图书馆，弗兰克 · 赫尔利（1885–1962）[赫尔利底片集，nla.gov.au/nla.obj–159427091]
33 页 马尔切洛 · 贝尔蒂内蒂
34–35 页 埃尼奥 · 曼萨诺 摄 / 盖帝图像
35 页 上图 帕诺拉米奥（Panoramio）/ 蓝色星球
36 页 弗朗索瓦 · 洛宗 / 伽玛 – 拉波 收录自 盖帝图像
36–37 页 极限摄影师 / 盖帝图像
38 页 蒂姆 · 格雷厄姆 / 盖帝图像
38–39 页 珀西 · 考克斯 / 皇家地理学会 收录自 盖帝图像
40–41 页 mbbirdy / 盖帝图像
41 页 帝国战争博物馆（CF 619）
42 页 PA 图像收录自 盖帝图像
43 页 米凯莱 · 福尔佐内 / 阿拉米图库
44 页 TT 工作室 / 阿拉米图库
45 页 贝特曼档案馆 / 盖帝图像
46 页 乌尔斯坦比尔德图片社 收录自 盖帝图像
46–47 页 普拉西特 · 罗德 / 阿拉米图库
48–49 页 照片（C）法国国家博物馆联合会 – 巴黎大皇宫（国家亚洲艺术博物馆，巴黎）/ 图片 法国国家博物馆联盟
49 页 塞尔吉 · 雷博勒多 / VW Pics VW 图片 / 环球影像集团 收录自盖帝图像
50–51 页 马尔切洛 · 贝尔蒂内蒂
51 页 荷兰国家博物馆 . 馆藏 . 编号 .: TM–10015636 [婆罗浮屠航拍图]
52–53 页 法布里齐奥 · 特洛亚尼 阿拉米图库
53 页 卡尔 · 迈丹斯 /《生活》图集 收录自 盖帝图像
54–55 页 乔治 · 林哈特 / 考比斯历史图片档案馆 收录自 盖帝图像
55 页 阿拉米图库
56 页 贝特曼档案馆 / 盖帝图像
57 页 上图 尹建英（音译 Yin Jianying）/ i 图库 / 盖帝图像 Plus
57 页 下图 ispyfriend / 盖帝图像
58 页 卡尔 · 西蒙 / 环球影像集团 收录自 盖帝图像
58 页 美好景象图片 / 阿拉米图库
59 页 乔治 · 西尔克 /《生活》杂志 /《生活》图集 收录自 盖帝图像
60–61 页 肖恩 · 帕沃尼 / 阿拉米图库
62–63 页 voyata / i 图库 / 盖帝图像 Plus
63 页 卡尔 · 迈丹斯 /《生活》图集 收录自 盖帝图像
64 页 维基共享资源 / 公有领域 [菲利斯 · 比托 – 莱顿大学图书馆，荷兰皇家荷兰东南亚和加勒比研究所，图片 89937 收藏页 东南亚和加勒比地区图片（荷兰皇家荷兰东南亚和加勒比研究所）]
65 页 肖恩 · 帕沃尼摄 / i 图库 / 盖帝图像 Plus
66 页 玛丽 · 埃文斯图库 / 旁普帕克摄影
67 页 维多利亚 · 维多利亚 / 阿拉米图库
74 页 萨伊科 3p/ i 图库 / 盖帝图像
74–75 页 罗杰 – 维奥勒收录自盖帝图像
76–77 页 艾伦 · 布朗 / db 图像 / 阿拉米图库
77 页 国家地理图片集 / 阿拉米图库

78 页 manjik / i 图库 / 盖帝图像 Plus
78-79 页 印刷收藏家 / 赫尔顿档案 / 盖帝图像
80 页 英格兰遗产委员会 / 传承图像 / 盖帝图像
81 页 杰森·霍克斯
82 页 阿尔弗雷德·布克汉姆 / 维基共享资源 / 公有领域
83 页 杰森·霍克斯
84 页 维基共享资源 / 公有领域（苏黎世联邦理工学院主图书馆）
85 页 高空无人机（Altitude Drone）/ i 图库 / 盖帝图像 Plus
86 页 莉娜·库恩特 / 阿拉米图库
87 页 印刷收藏家 / 赫尔顿档案 / 盖帝图像
88 页 乌尔斯斯坦比尔德图片社 收录自 盖帝图像
89 页 马尔切洛·贝尔蒂内蒂
90-91 页 赫尔顿－德国档案 / 考比斯 / 考比斯 收录自 盖帝图像
91 页 伊登·布雷兹 / 阿拉米图库
92 页 乔治·林哈特 / 考比斯历史图片档案馆 收录自 盖帝图像
93 页 奥罗尔·科尔维恩 / 盖帝图像
94-95 页 维基共享资源 / 公有领域（苏黎世联邦理工学院主图书馆）
95 页 马尔切洛·贝尔蒂内蒂
96-97 页 马尔切洛·贝尔蒂内蒂
98-99 页 维基共享资源 / 公有领域（苏黎世联邦理工学院主图书馆）
100 页 维基共享资源 / 公有领域（苏黎世联邦理工学院主图书馆）
101 页 马丁·莱曼 / 阿拉米图库
102 页 吉拉迪国家历史图片档案馆 / 盖帝图像
103 页 马尔切洛·贝尔蒂内蒂
104 页 马尔切洛·贝尔蒂内蒂
105 页 印刷收藏家 / 赫尔顿档案 / 盖帝图像
106 页 马尔切洛·贝尔蒂内蒂
107 页 上图 美国国会图书馆，图片与摄影部
107 页 下图 马尔切洛·贝尔蒂内蒂
108 页 马尔切洛·贝尔蒂内蒂
108-109 页 德阿戈斯蒂尼图片库 / 盖帝图像
110-111 页 马尔切洛·贝尔蒂内蒂
111 页 华特·吉克 / 乌尔斯坦比尔德图片社 收录自 盖帝图像
112-113 页 埃里克·沃德维尔 / 伽玛－拉波 收录自盖帝图像
113 页 昔日收藏 / 阿拉米图库
114-115 页 法布里齐奥·维拉 / 盖帝图像
115 页 维基共享资源 / 公有领域（苏黎世联邦理工学院主图书馆）
116 页 鲍里索夫 / i 图库 / 盖帝图像
116-117 页 因特图像 / 历史 / 阿拉米图库
118 页 马库斯·朗格 / 罗伯特·哈丁图片资料馆
119 页 维基共享资源 / 公有领域（苏黎世联邦理工学院主图书馆）
120 页 大卫·米勒 / 眼神（EyeEm）
121 页 可乐图片 / 阿拉米图库
128 页 比姆 / i 图库 / 盖帝图像
128-129 页 维基共享资源 / 公有领域（苏黎世联邦理工学院主图书馆）
130 页 上图 维基共享资源 / 公有领域（苏黎世联邦理工学院主图书馆）
130 页 下图 马尔切洛·贝尔蒂内蒂
131 页 马尔切洛·贝尔蒂内蒂
132 页 玛格丽特·伯克－怀特 / 生活画集收录自 盖帝图像
132-133 页 马尔切洛·贝尔蒂内蒂
134-135 页 印刷收藏家 / 赫尔顿档案 / 盖帝图像
135 页 马尔切洛·贝尔蒂内蒂
136 页 维基共享资源 / 公有领域（苏黎世联邦理工学院主图书馆）
137 页 马尔切洛·贝尔蒂内蒂
138 页 维基共享资源 / 公有领域（苏黎世联邦理工学院主图书馆）
138-139 页 马尔切洛·贝尔蒂内蒂
140 页 玛丽·埃文斯 / 法西赛德
141 页 马尔切洛·贝尔蒂内蒂
142 页 上图 剑桥大学图书馆
142 页 下图 易卜拉欣·萨伊宏
142-143 页 马尔切洛·贝尔蒂内蒂
144 页 保罗·苏德斯 / 阿拉米图库
145 页 杰森·爱德华兹 / 国家地理图片集 / 盖帝图像
146-147 页 迈克·亚伯拉罕 /In 图像 / 考比斯 收录自 盖帝图像
147 页 乔·布拉特 / 盖帝图像
148-149 页 印刷收藏家 / 传承图像 / 阿拉米图库
149 页 下图 马尔切洛·贝尔蒂内蒂
150-151 页 和 152 页 下图 因特图像 / 历史 / 阿拉米图库
151 页 上图 和 152-153 页 约翰内斯·丹普斯 / i 图库 编辑授权 / 盖帝图像 Plus
160 页 贝特曼档案馆 / 盖帝图像
161 页 迈克·哈迪曼 / 阿拉米图库
162-163 页 罗伯特·波斯特马 / 布兰德 B 公司 / 图片设计公司 / 阿拉米图库
163 页 考比斯 / 考比斯 收录自 盖帝图像
164 页《多伦多星报》档案 /《多伦多星报》收录自 盖帝图像
165 页 延斯·本宁霍芬 / 阿拉米图库
166 页 考比斯 / 考比斯 收录自 盖帝图像
166-167 页 弗洛里安·舒尔茨 / 阿拉米图库
168 页 W B 爱德华兹 /《多伦多星报》收录自 盖帝图像
169 页 尼诺 H. 摄影 / 盖帝图像
170 页 上图 印刷收藏家 / 赫尔顿档案 / 盖帝图像
170 页 下图 维基共享资源 / 公有领域（加拿大航空机构 / 大英图书馆 － 目录条目：HS85/10/38632）
170-171 页 弗拉德·盖亚 / 阿拉米图库
172 页 加拿大全图网 / 阿拉米图库
173 页 上图 SkyF / i 图库 / 盖帝图像 Plus
173 页 下图 PA 图像收录自 盖帝图像
174-175 页 上图 哈罗德·巴克利 /《多伦多星报》收录自《盖帝图像》
174-175 页 下图 罗恩·查普曼 / 阿拉米图库

176 页 surangaw / i 图库 / 盖帝图像 Plus
176-177 页 PA 图像 / 阿拉米图库
178-179 页 艾德文 · 韦林 / 阿拉米图库
179 页 格兰杰历史图片档案，纽约 / 阿拉米图库
180-181 页 上图 美国国会图书馆，图片与摄影部
180-181 页 下图 基恩复古图库 / 考比斯 收录自盖帝图像
182-183 页 报道者 / i 图库 / 盖帝图像 Plus
184 页 鲍勃 · 兰德里 /《生活》图集 收录自 盖帝图像
185 页 亚特 · 瓦格 / 盖帝图像
186 页 埃塞尔 · 戴维斯 / 阿拉米图库
187 页 安德伍德档案 / 盖帝图像
188 页 迪克 · 惠廷顿工作室 / 考比斯 收录自 盖帝图像
189 页 卡尔 · 拉尔森摄影 / 盖帝图像
190-191 页 乔治 · 雷蒙德 · 劳伦斯 / 布因拉吉图像 / 盖帝图像
191 页 航空档案 / 阿拉米图库
192 页 上图 考比斯 / 考比斯 收录自 盖帝图像
192 页 下图 加里 · 布拉施 / 考比斯 / 考比斯 收录自 盖帝图像
193 页 考比斯 / 考比斯 收录自 盖帝图像
194 页 托尼 · 卡马拉塔航空公司供图
194-195 页 档案农场公司 / 阿拉米图库
196 页 上图 达里奥 · 巴尤林 / 阿拉米图库
196-197 页 美国陆军航空兵团 /《国家地理》创意图库
198-199 页 卡文图像 / 阿拉米图库
199 页 上图 马尔切洛 · 贝尔蒂内蒂
200 页 极限媒体 / i 图库 / 盖帝图像 Plus
200-201 页 美国国会图书馆 / 考比斯 / 视觉中国 收录自 盖帝图像
202-203 页 上图《纽约每日新闻》档案 收录自 盖帝图像
202-203 页 下罗曼 · 巴巴金 / 阿拉米图库
204 页 美国国会图书馆，图片与摄影部
204-205 页 Divepic / i 图库 / 盖帝图像 Plus
206-207 页 上图 美国国会图书馆，图片与摄影部
206-207 页 下图 保罗泰克公司 / i 图库 / 盖帝图像 Plus
208 页 美国国会图书馆，图片与摄影部
209 页 蓝色连接图库 / 阿拉米图库
210 页 路易斯 · 麦克莱恩，来自德沃夫和伍德的收藏 - 佛罗里达群岛——公共图书馆
211 页 安迪 · 纽曼，佛罗里达群岛新闻社
212-213 页 上图 印刷收藏夹 / 赫尔顿精品艺术收藏 / 盖帝图像
212-213 页 下图 诺伯特 · 普罗布斯特 / 布洛克图像 / 阿拉米图库
214 页 玛丽 · 埃文斯 / 格林维尔 - 柯林斯明信片集
214-215 页 维克托 · 巴尔加斯 / 眼神 / 盖帝图像
216-217 页 海勒姆 · 宾厄姆 /《国家地理》
217 页 Mào Mù Minami / 眼神 / 盖帝图像
218-219 页 凯斯顿 - 法国 / 伽玛 - 凯斯顿收录自 盖帝图像
219 页 里约热内卢 _ 摄影 / i 图库 / 盖帝图像 Plus
220-221 页 拉尼米罗 · 洛图福 · 内托 / 阿拉米图库
221 页 德米特里 · 凯塞尔 /《生活》图集 收录自 盖帝图像
222-223 页 上图 印刷收藏家 / 传承图像 / 阿拉米图库
222-223 页 下图 ElOjoTorpe / 盖帝图像
230-231 页 厄恩 · 麦奎兰，选自“麦克尔 · 麦奎兰的经典摄影作品”
231 页 彼得 · 哈里森 / 盖帝图像
232-233 页 上图 伊马尼奥 / 赫尔顿档案 / 盖帝图像
232-233 页 下图 塔拉斯 · 维希尼亚 / 阿拉米图库
234-235 页 上图“新西兰旧照”供图
234-235 页 下图 茨维 · 布雷弗曼 / 眼神 / 盖帝图像
236 页 皮尔斯 / 费尔法克斯传媒档案 s 收录自 盖帝图像
236-237 页 科里 · 利奥波德 / 维基共享资源 / 公有领域
238 页“新西兰旧照”供图
238-239 页 路鹏宇 / 盖帝图像
240 页“新西兰旧照”供图
241 页 nazar_ab 图库 / 盖帝图像
242-243 页 谢凌霄 / 盖帝图像
243 页“新西兰旧照”供图
244 页 美国库存档案 / 照片档案 / 盖帝图像
244-245 页 亚特 · 瓦格 / 盖帝图像
246-247 页 马克 · 多兹尔 / 赫米斯图片社 / 阿拉米图库
247 页 澳大利亚国家图书馆（瓦尔特 · 阿尔弗雷德 · 布克作品集，巴布亚新几内亚）
248-249 页 马尔切洛 · 贝尔蒂内蒂
249 页 彼得 · 斯坦克保 /《生活》图集 收录自 盖帝图像
250-251 页 马尔切洛 · 贝尔蒂内蒂

图书在版编目（CIP）数据

俯瞰世界：从航空摄影观世界百年变迁 /（意）恩里科·拉瓦尼奥著；高如，潘晨译. --
北京：中国科学技术出版社，2023.8
ISBN 978-7-5236-0029-0

Ⅰ. ①俯… Ⅱ. ①恩… ②高… ③潘… Ⅲ. ①航空摄影—普及读物 Ⅳ. ① TB869

中国国家版本馆 CIP 数据核字（2023）第 036056 号

策划编辑	彭慧元	责任编辑	彭慧元
封面设计	红杉林文化	正文设计	中文天地
责任校对	焦　宁	责任印制	李晓霖

出　　版	中国科学技术出版社
发　　行	中国科学技术出版社有限公司发行部
地　　址	北京市海淀区中关村南大街 16 号
邮　　编	100081
发行电话	010-62173865
传　　真	010-62173081
网　　址	http://www.cspbooks.com.cn

开　　本	787mm × 1092mm　1/8
字　　数	252 千字
印　　张	32
版　　次	2023 年 8 月第 1 版
印　　次	2023 年 8 月第 1 次印刷
印　　刷	北京盛通印刷股份有限公司
书　　号	ISBN 978-7-5236-0029-0 / TB · 118
定　　价	268.00 元